Peter Burk, Günther Weizenhöfer

**Der Kauf einer Eigentumswohnung –
Als Neu- oder Gebrauchtimmobilie**

Peter Burk, Günther Weizenhöfer

Der Kauf einer Eigentumswohnung –

Als Neu- oder Gebrauchtimmobilie

2., aktualisierte Auflage

Fraunhofer IRB Verlag

Bibliografische Information der Deutschen Nationalbibliothek

Die Deutsche Nationalbibliothek verzeichnet diese Publikation in der Deutschen Nationalbibliografie; detaillierte bibliografische Daten sind im Internet über http://dnb.d-nb.de abrufbar.
ISBN: 978-3-8167-7972-8

Herstellung und Layout: Dietmar Zimmermann
Satz: Robert Turzer
Umschlaggestaltung: Martin Kjcr
Druck: Druckerei Steinmeier, Deiningen
Für den Druck des Buches wurde chlor- und säurefreies Papier verwendet.

Fraunhofer-Informationszentrum
Raum und Bau IRB
Nobelstraße 12, 70569 Stuttgart
Telefon (0711) 9_70-25_00
Telefax (0711) 9_70-25_08
E-Mail: irb@irb.fraunhofer.de
http://www.baufachinformation.de

Einführung

Liebe Leserin,
lieber Leser,

der Kauf einer Eigentumswohnung wird häufig als »kleine« Wohneigentums-Lösung angesehen. Singles, Paare, kleine Familien oder auch Senioren entscheiden sich gerne für eine Eigentumswohnung. Sie scheint als Wohneigentum kleiner, überschaubarer und im Alltag einfacher zu handhaben.
Darüber hinaus suggeriert die Eigentumswohnung größere Unabhängigkeit nach dem Motto: Da man noch nicht einmal einen Rasen mähen muss, kann man auch flexibler und unabhängiger in den Urlaub fahren. Doch die Realität sieht anders aus. Gerade die Eigentumswohnung ist es, die Ihnen im Alltag Flexibilität beim Umgang mit Ihrem Wohneigentum nehmen kann.

Durch den Kauf einer Eigentumswohnung werden Sie nur Miteigentümer an einem Gebäude. Nur bestimmte Teile gehören Ihnen wirklich. Viele andere müssen Sie mit Ihren Nachbarn teilen und verwalten. Und dieser durchgängige Verwaltungs- und Abstimmungsprozess mit Ihren Nachbarn kann viel Zeit, Geld und mitunter auch Nerven kosten.

Das vorliegende Buch gibt Ihnen Orientierung beim Kauf einer Eigentumswohnung, ob als Neu- oder Gebrauchtimmobilie.

Im Kapitel 1 des vorliegenden Buches werden die Grundlagen zur Ermittlung des Finanzierungsbedarfs erläutert, ebenso wie Möglichkeiten der Wohnbedarfsermittlung. Das Kapitel 2 behandelt das Wohnungseigentumsgesetz als gesetzliche Grundlage zur Eigentumsaufteilung von Gebäuden und seine praktische Anwendung.
Kapitel 3 beschäftigt sich ausführlich mit der Frage »Gebrauchte Wohnung oder neue Wohnung?« Neben den häufigen Problemen und Schwachstellen der jeweiligen Baujahre finden Sie ausführliche Checklisten zur Besichtigung von gebrauchten Wohnungen. Sie finden außerdem Hinweise, worauf Sie beim Erwerb von Bauträgerobjekten achten müssen und umfangreiche Checklisten für die Abnahme einer neuen Eigentumswohnung. Die Unterschiede zwischen dem Kauf einer gebrauchten Wohnung und dem einer Neubauwohnung vom Bauträger werden ebenfalls in diesem Kapitel erläutert.
Das Kapitel 4 befasst sich mit kaufentscheidenden Grundlagen wie z. B. Baubeschreibung oder Wohnflächenberechnung.

Das Thema des Kapitels 5 ist die Eigentumsübertragung. Im Kapitel 6 wird abschließend erläutert, welche Möglichkeiten Sie beim Kauf einer Neubauwohnung hinsichtlich auftretender Mängel innerhalb der Gewährleistungszeit haben.

Wir wünschen Ihnen für Ihre Überlegungen zum Wohnungskauf Nutzen und Hilfe durch dieses Buch.

Inhaltsverzeichnis

1 Die Bedarfsermittlung

Bevor Sie an den Kauf einer Eigentumswohnung denken, sollten Sie Ihre finanziellen Möglichkeiten gut analysieren und Ihren Wohnbedarf möglichst exakt einschätzen können. Wie Sie hierbei strukturiert vorgehen, erfahren Sie nachfolgend.

1.1 Die Ermittlung des Finanzbedarfs

Es gibt verschiedene Anlässe zum Kauf einer Wohnung, die im Kapitel 1.3 »Der Kaufzweck« (Seite 21) erläutert werden. Entsprechend unterschiedlich sind auch die Finanzierungskonzepte. So spielen beispielsweise bei einer als Kapitalanlage genutzten Eigentumswohnung auch steuerliche Aspekte der Finanzierung eine wesentliche Rolle, die bei einer Eigennutzung der gekauften Wohnung nicht berücksichtigt werden können. Dieses Buch behandelt im Schwerpunkt die Ermittlung des Finanzbedarfs für eine selbstgenutzte Eigentumswohnung.

1.1.1 Finanzierungsgrundlagen

Der Weg zur Ermittlung des Finanzbedarfs einer Immobilie kann auf zweierlei Weise erfolgen. Steht beispielsweise die Immobilie und damit der Kaufpreis fest, kann auf dieser Grundlage ermittelt werden, welche monatliche finanzielle Belastung hieraus entsteht und ob diese Belastung langfristig getragen werden kann. Die andere Möglichkeit ist, zunächst zu ermitteln, bis zu welchem Kaufpreis eine Finanzierung möglich ist, und mit dieser Kenntnis auf die Immobiliensuche zu gehen. Der Vorteil dieses Weges liegt darin, dass die Suche effektiver gestaltet werden kann und keine Zeit auf Objekte verwendet wird, die nicht finanzierbar sind.

Sie können dabei anhand der folgenden drei Fragen vorgehen:

- Wie viel Eigenkapital steht zur Verfügung?
- Wie hoch ist der zur Verfügung stehende monatliche Betrag für Zinsen und Darlehenstilgung?
- Welche Darlehenshöhe ist mit diesem Betrag möglich?

Wie viel Eigenkapital steht zur Verfügung?

Von der Höhe des Eigenkapitals hängen auch die Konditionen der finanzierenden Bank ab. Je höher der Anteil des Eigenkapitals am Kaufpreis, desto günstiger sind in der Regel die Konditionen, weil das

Risiko der finanzierenden Bank für den Fall sinkt, dass Sie die laufenden Raten nicht mehr bezahlen können. Denn haben Sie beispielsweise die Hälfte des Kaufpreises als Eigenkapital eingebracht und muss das Objekt durch die Bank verkauft oder zwangsversteigert werden, kann die Bank mit dem Verkaufserlös zunächst das Darlehen ablösen, selbst wenn der Verkaufserlös der Immobilie wesentlich unter dem ursprünglichen Preis bleibt.

Zum Eigenkapital zählen Gelder auf Sparbüchern oder Konten. Unter Umständen können auch Wertpapierdepots dazu gehören. Es sollte jedoch sichergestellt sein, dass diese zum Zeitpunkt des Bedarfs auch zu günstigen Konditionen aufgelöst werden können. Sind bestehende Bausparverträge bereits zuteilungsreif, können auch diese eingezahlten Summen beim Eigenkapital angesetzt werden.

Aus der Sicht der finanzierenden Bank werden auch Arbeitgeber-Darlehen (siehe Seite 12) wie Eigenkapital gewertet, da diese erst nach allen anderen Finanzierungen im Grundbuch abgesichert werden, wenn überhaupt eine Eintragung durch den Arbeitgeber verlangt wird.

Eine weitere mögliche Quelle für Eigenkapital können Gelder von Eltern (z. B. vorgezogenes Erbe) oder Verwandten sein. Sie sollten jedoch nicht den gesamten zur Verfügung stehenden Betrag als Eigenkapital ansetzen, um sich einen finanziellen Spielraum für unvorhergesehene Kosten zu erhalten.

Soweit Eigenleistungen geplant sind, können auch diese aus Sicht der finanzierenden Bank wie Eigenkapital betrachtet werden, weil durch die Eigenleistungen der Zeitanteil der Handwerker an den Arbeiten eingespart werden kann. Wenn also z. B. die Fliesenarbeiten selbst durchgeführt werden, müssen zwar die Fliesen gekauft werden, aber der Zeitaufwand für das Verlegen entfällt.

Wie hoch ist der zur Verfügung stehende monatliche Betrag für Zinsen und Darlehenstilgung?

In der Regel reicht das Eigenkapital alleine nicht aus, um eine Immobilie zu erwerben. Der restliche Betrag muss finanziert werden. Der nächste Schritt besteht deshalb darin, die monatlichen Einnahmen und Ausgaben einander gegenüber zu stellen, um die für die Tilgung eines solchen Darlehens zur Verfügung stehende Summe zu ermitteln.

Auf der Einnahmenseite steht zum einen das monatliche Einkommen oder möglicherweise eine Rente. Soweit Sie über weitere Einkommens-

Checkliste: Monatliche Einnahmen/Ausgaben	
Einnahmen:	
Nettoeinkommen	
Kindergeld	
Sonstige Einnahmen 1	
Sonstige Einnahmen 2	
Summe monatliche Einnahmen	
Ausgaben: (bei jährlichen Beträgen den monatlichen Anteil ansetzen)	
Nahrungs-, Genussmittel, Körperpflege	
Kleidung	
Anschaffungen, Rücklagen für Hausrat	
Nebenkosten (Heizung, Warmwasser)	
Strom	
Telefon	
Müllgebühren	
GEZ, Kabel, Internet	
Kultur/Unterhaltung	
Öffentliche Verkehrsmittel	
Kfz-Wartung	
Kfz-Tanken	
Kfz-Versicherung, Steuer	
Versicherungsbeiträge (Krankenversicherung, Hausrat	
Haftpflicht, Rechtschutz, Lebensversicherung, etc.)	
Gebühren für Ausbildung (Schule, Kindergarten)	
Grundsteuer vorhandene Immobilien	
Versicherungsbeiträge vorhandene Immobilien	
Ratenzahlungen aus bestehenden Darlehen	
Sonstige Ausgaben 1	
Sonstige Ausgaben 2	
Summe monatliche Ausgaben	

Differenz Einnahmen/Ausgaben	

quellen verfügen wie z. B. Mieteinnahmen, können auch diese angesetzt werden. Es sollte jedoch sichergestellt sein, dass diese Gelder nicht anderweitig benötigt werden könnten, wie z. B. für Instandhaltungskosten der betreffenden Immobilie. Weitere Einnahmequellen können auch staatliche Gelder sein (z. B. Kindergeld, dieses allerdings zeitlich befristet).

Haben Sie die zur Verfügung stehenden monatlichen Einnahmen ermittelt, müssen Sie als nächstes die Ausgaben zusammenstellen. Hierbei sollte ein ganzes Jahr zugrunde gelegt werden, weil manche Ausgabenposten wie bestimmte Versicherungsbeiträge oder Kraftfahrzeugsteuer in der Regel einmal im Jahr fällig werden. Diese Beträge sollten dann zu einem Zwölftel in die monatlichen Ausgaben einfließen. Sofern Sie im Moment in einer Mietwohnung leben, können Sie die Kaltmiete unberücksichtigt lassen, weil diese ja nach dem Bezug der Eigentumswohnung entfällt. Die Nebenkosten sollten Sie jedoch ansetzen, weil Sie ja auch in der neuen Wohnung Nebenkosten zahlen werden.

Indem Sie nun die monatlichen Ausgaben von den monatlichen Einnahmen abziehen, erhalten Sie den Betrag, den Sie für die Finanzierung einsetzen könnten. Sicherheitshalber sollten Sie jedoch auch hier nicht mit der vollen Summe rechnen, sondern noch einen Teilbetrag von etwa 200 Euro abziehen. Mit diesem Ergebnis können Sie nun weiterrechnen.

Welche Darlehenshöhe ist mit diesem Betrag möglich?

Die mögliche Darlehenshöhe lässt sich nun mit einer einfachen Formel errechnen.

$$\frac{\text{Monatlicher Betrag in Euro} \times 12 \text{ Monate} \times 100}{(\text{Zins} + \text{Tilgung})}$$

= mögliche Darlehenssumme

Beeinflussende Faktoren in dieser Berechnung sind Zinssatz und Tilgungsrate. Schließen Sie den Darlehensvertrag in einer Niedrigzinsphase ab, können Sie eine höhere Summe finanzieren als in einer Hochzinsphase.

Beispiel 1: Der monatlich zur Verfügung stehende Betrag liegt bei 500 Euro, Sie befinden sich in einer Niedrigzinsphase und können ein Darlehen von 4 % erhalten. Als Anfangstilgung setzen Sie 1 % an. Ihre mögliche Darlehenssumme beträgt dann:

$$\frac{500 \text{ Euro} \times 12 \text{ Monate} \times 100}{(4 + 1)}$$

= 120.000 Euro

Beispiel 2: Der monatlich zur Verfügung stehende Betrag liegt bei 500 Euro, Sie befinden sich jedoch in einer Hochzinsphase und können daher nur ein Darlehen von 7 % erhalten. Als Anfangstilgung setzen Sie ebenfalls 1 % an. Ihre mögliche Darlehenssumme beträgt dann nur noch:

$$\frac{500 \text{ Euro} \times 12 \text{ Monate} \times 100}{(7 + 1)}$$

= 75.000 Euro

Gerade in Niedrigzinsphasen haben Banken wenig Interesse an einer langfristigen Zinsbindung, und werden diese in der Regel nicht länger als 10 Jahre festschreiben. Wenn Sie sich jedoch bei Ablauf der Festschreibung gerade in einer Hochzinsphase befinden, können die monatlichen Belastungen enorm steigen.

Beispiel: Während Sie für ein Darlehen über 120 000 Euro bei einem Zinssatz von 4 % und einer Anfangstilgung von 1 % monatlich 500 Euro aufbringen müssen, beträgt die monatliche Belastung bei einem Zinssatz von 7 % und einer Anfangstilgung von 1 % schon 800 Euro.

1.1.2 Finanzierungsformen

Eine Baufinanzierung sollte immer eine maßgeschneiderte Lösung sein, die zu Ihrem persönlichen Bedarf und Ihrer Lebenssituation passt. Lassen Sie sich auf jeden Fall von mehreren Fachberatern Angebote machen. Dies können neben der Hausbank auch unabhängige Finanzberater sein, die sich auf dieses Gebiet spezialisiert haben. Nehmen Sie sich für die Finanzierung ausreichend Zeit, denn bereits kleine Unterschiede in den Konditionen können langfristig zu Mehrkosten von fünfstelligen Eurobeträgen führen. Nachfolgend werden mögliche Finanzierungsformen kurz vorgestellt. In der Regel besteht das Gesamtpaket am Schluss aus der Kombination mehrerer Bausteine.

Das Hypothekendarlehen

Das Hypothekendarlehen oder der Hypothekenkredit ist die klassische Form der Immobilienfinanzierung. Hierbei gibt eine Bank ein Darlehen und lässt sich zur Sicherung dieses Darlehens eine Grundschuld in das Grundbuch der Immobilie eintragen. Es wird ein Zins- und Tilgungssatz über eine bestimmte Zeit festgeschrieben. Wird in Niedrigzinsphasen ein günstiger Zinssatz und eine lange Zinsfestschreibung vereinbart, besteht Sicherheit vor überraschenden Zinsschwankungen innerhalb der Zinsfestschreibungszeit. Erst nach Ablauf der vereinbarten Laufzeit der Zinsfestschreibung kann der Zinssatz des Darlehens steigen.

Das Bauspardarlehen

Voraussetzung für ein Bauspardarlehen ist ein abgeschlossener Bausparvertrag über eine vereinbarte Summe (z. B. 100 000 Euro), die dann in der Regel mit monatlichen Raten bis zu einem bestimmten Prozentsatz angespart wird. Nach Erreichen dieser Ansparsumme und Erreichen einer Bewertungszahl, die jede Bausparkasse anders berechnet, wird der Bausparvertrag zuteilungsreif und damit besteht ein Anspruch auf ein Bauspardarlehen über die vereinbarte Summe. Bereits bei Vertragsabschluss werden Zins- und Tilgungssatz genau festgelegt. Der Bausparvertrag wird meist einige Jahre vor dem Auszahlungszeitpunkt abgeschlossen und angespart, damit er nach Zuteilungsreife in das Finanzkonzept integriert werden kann.

Eine Variante des Bauspardarlehens besteht aus einer Kombination aus Bausparvertrag und Zwischenfinanzierung. Hierbei wird ein Bausparvertrag über die zu finanzierende Summe abgeschlossen (z. B. 100 000 Euro) und mit monatlichen Raten angespart. Bis zur Zuteilungsreife des Bausparvertrags wird die zu finanzierende Summe zwischenfinanziert, wobei nur die Zinsen der Zwischenfinanzierung ohne eine Tilgung gezahlt werden. Nach Zuteilungsreife löst das Bauspardarlehen die Zwischenfinanzierung ab. Da für den Verbraucher diese Finanzierungsform im Vergleich zu anderen Varianten sehr teuer ist, kann davor aber nur dringend abgeraten werden.

Die Kapital-Lebensversicherung

Bei einer Darlehensabsicherung über eine Kapital-Lebensversicherung wird die Ablaufleistung zur Tilgung des Darlehens an den Kreditgeber abgetreten. Die Versicherungsgesellschaft gewährt neben einer garantierten Ablaufleistung zusätzlich eine Gewinnausschüttung, die davon abhängt, wie erfolgreich die Versicherung mit dem Geld wirtschaften konnte. Die jüngste Vergangenheit mit dramatischen Kurseinbrüchen an den Börsen hat auch zu erheblichen Kürzungen der Gewinnausschüttungen geführt. Fällt die Auszahlung geringer aus als für die

Finanzierung geplant, kann sich eine problematische Finanzierungslücke auftun. Die neue Steuergesetzgebung für Versicherungsverträge, die nach dem 1. 1. 2005 abgeschlossen wurden, hat diese Form der Finanzierung unattraktiver gemacht, da alle Erträge aus diesen Verträgen bei Auszahlung voll zu versteuern sind, wenn diese vor dem 60. Lebensjahr ausgezahlt werden. Bei Auszahlung ab dem 60. Lebensjahr wären immerhin noch 50% der Erträge zu versteuern.

Staatliche Förderung

Je nach der persönlichen Lebenssituation sind verschiedene staatliche Förderungen möglich. Hierzu gehören die Bausparprämie, Eigenheimzulage und Kinderzulage sowie verschiedene Programme der KfW-Förderbank und der Landeskreditbanken mit günstigen Krediten. Die Voraussetzungen und Konditionen ändern sich häufig, so dass es sinnvoll ist, sich tagesaktuell zu informieren. Informationen zur Bausparprämie erhalten Sie bei Bausparkassen, über die Eigenheimzulage und Kinderzulage informiert die finanzierende Bank, mehr zu den KfW-Programmen finden Sie im Internet unter www.kfw-foerderbank.de. Weitere interessante Internetseiten zum Thema Baufinanzierung finden Sie auch im Anhang.

Darlehen vom Arbeitgeber

Es lohnt sich auf jeden Fall, auch einmal beim Arbeitgeber nachzufragen, ob er ein zinsgünstiges Darlehen an seine Arbeitnehmer vergibt. Für den Arbeitgeber ist ein solches Darlehen möglicherweise eine interessante Form der Mitarbeiterbindung an sein Haus. Für Arbeitnehmer birgt es aber auch Risiken. Ein Arbeitgeberdarlehen kann dann eine interessante Ergänzung der Finanzierung sein, wenn im Vorfeld die Kredittilgung genau geregelt ist (z. B. im Falle von Kündigung, Krankheit, Berufsunfähigkeit usw.).

1.1.3 Risiken der Baufinanzierung

Baufinanzierungen werden meist unter der Annahme geplant, dass das Leben so weitergeht wie bislang. Treten dann unvorhergesehene Ereignisse ein, kann die Tilgung eines Darlehens plötzlich in Frage gestellt sein. Die steigende Zahl der Zwangsversteigerungen im Immobilienbereich macht deutlich, dass dies gar nicht so selten geschieht. Genauso kann die erworbene Eigentumswohnung möglicherweise auch nicht mehr in das neue Lebenskonzept passen. Unvorhergesehene Ereignisse können sein:

- Eine Hochzinsphase nach Ablauf der Zinsfestschreibung, die zu einer erheblichen Erhöhung der monatlichen Belastung führt.

- Eine plötzliche Arbeitslosigkeit mit dem damit verbundenen Ausfall eines Einkommens, weshalb in der Folge die Darlehensraten nicht mehr bezahlt werden können.
- Eine Krankheit, die Sie für längere Zeit an der Berufsausübung hindert.
- Eine Krankheit oder ein Unfall eines Familienmitglieds, wodurch die Nutzbarkeit der Immobilie zeitweise oder dauerhaft eingeschränkt wird, weil die Wohnung nicht barrierefrei gestaltet ist.
- Ein Arbeitsplatzwechsel, der einen Umzug erfordert.
- Eine Scheidung, die den Verkauf der Immobilie zur Folge hat.
- Familienzuwachs, auf den der Grundriss der Immobilie nicht angepasst werden kann.

Nicht alle Ereignisse, Risiken und Eventualitäten lassen sich absichern, aber zumindest zu den folgenden Versicherungen sollten Sie sich von einem Fachmann ausführlich informieren und beraten lassen:

- Krankentagegeldversicherung
- Berufsunfähigkeitsversicherung
- Private Unfallversicherung
- Risikolebensversicherung

Mit einer privaten **Krankentagegeldversicherung** kann das Risiko einer zeitweisen Arbeitsunfähigkeit wegen Krankheit oder Unfall abgesichert werden, denn Lohnfortzahlungen sind in der Regel zeitlich beschränkt. Eine länger dauernde Arbeitsunfähigkeit kann dann sehr schnell zu finanziellen Engpässen führen, wenn das Krankengeld der Krankenkasse wesentlich unter dem Nettoverdienst liegt. Wichtig ist, dass die Ausfallhöhe des Einkommens nachgewiesen werden kann (bei Selbstständigen möglicherweise ein Problem), denn die Versicherung leistet nur bis zu dieser Höhe. Arbeitslose erhalten kein Geld aus der Krankentagegeldversicherung.

Die **Berufsunfähigkeitsversicherung** tritt bei Unfällen oder Krankheiten ein, die zu einer Berufsunfähigkeit von in der Regel mindestens 50% führen. Fällt die Berufsunfähigkeit prozentual geringer aus, erhält der Versicherte gar keine Leistung. Ab 50% wird die volle versicherte Leistung fällig. Besteht ein Anspruch, zahlt die Versicherungsgesellschaft dann eine Rente aus. Die gesetzliche Rentenversicherung bietet hier höchstens eine Grundabsicherung und reicht in aller Regel nicht aus, um den Lebensstandard zu erhalten.

Eine private **Unfallversicherung** ist eine sinnvolle Ergänzung zur Berufsunfähigkeitsversicherung. Sie zahlt bei teilweiser oder vollständiger Invalidität aufgrund eines Unfalls. Die Höhe der Summe richtet sich dabei nicht nach dem Grad der Berufsunfähigkeit, sondern nach dem Grad der Invalidität, der prozentual zur Gesamtsumme nach der so genannten Gliedertaxe berechnet wird. Der Verlust des Sehvermögens wird beispielsweise anders gewertet als die Beeinträchtigung der Beweglichkeit einer Hand.

Eine **Risikolebensversicherung** tritt beim Tod des Versicherungsnehmers ein und wird daher häufig von Geldinstituten zur Absicherung von Finanzierungen eingesetzt. Bei Eintritt des Versicherungsfalls bleibt für die Angehörigen die Rückzahlung des Darlehens gesichert. Sie dient im Gegensatz zur Lebensversicherung nicht der Kapitalbildung, sondern der reinen Absicherung eines Risikos und ist deshalb auch preiswerter.

1.2 Die Ermittlung des Wohnbedarfs

Wenn Sie wissen, welchen Finanzrahmen Sie sich leisten können, steht als nächstes die Ermittlung Ihres Wohnbedarfs an, das heißt, welche Wohnung mit welchen Flächen und Räumen Sie eigentlich benötigen. Es könnte auch sein, dass Sie gar keinen Wohnbedarf haben, weil Sie die Wohnung nur als Kapitalanlage nutzen wollen. Dann stellen sich Ihnen vor allem Fragen des Kaufzwecks.
Wenn Sie den Wohnbedarf oder den Kaufzweck möglichst exakt eingrenzen, können Sie natürlich umso zielgerichteter auf die Wohnungssuche gehen.

Für die Ermittlung des Wohnbedarfs ist es sehr sinnvoll, wenn Sie von Ihrer gegenwärtigen Wohnsituation ausgehen, aus der heraus Sie sich ja verändern wollen. Sie sollten sich überlegen, was an dieser Wohnsituation gut und was ungünstig gelöst scheint. Es kann sehr sinnvoll sein, dafür einmal Ihren Wohnalltag in dieser Wohnung an einem Werktag und an einem Feiertag durchzuspielen. Vor allem die Themen Badnutzung, Kochen, Waschen, Putzen und auch Freizeitnutzung (etwa Lesen oder auch aufwändige Hobbys wie z. B. Musizieren oder Töpfern) sollten Sie dabei durchspielen. Wenn Sie Ihren Alltag detailliert durchgehen, werden Sie die täglichen Ärgernisse (wie z. B. eine zu kleine Garderobe, ein beengter Flur, ein falscher Standort der Waschmaschine oder die notwendige Wäschetrocknung im Wohnzimmer etc.) schnell herausfinden.
Sie sollten dieses Durchspielen des Alltags schriftlich tun, so dass Sie wirklich einmal gezwungen sind, Wohn-Probleme auch schriftlich festzuhalten. Schreiben Sie dann auf, was Sie anders haben wollen.

Checkliste für die Bedarfsermittlung		
Raum:	**Größe**	**Orientierung**
Kellerraum	z. B. 12 m^2	z. B. Nord

Diele/Garderobe/Abstellraum		
Gäste WC		
Küche		
Hauswirtschaft		
Esszimmer		
Wohnzimmer		
Arbeitszimmer		
Gästezimmer		

Elternbad		
Kinderbad		
WC		
Duschbad		
Schlafzimmer		
Kinderzimmer 1		
Kinderzimmer 2		
Kinderzimmer 3		

Terasse		
Balkon/Loggia		

Gesamtfläche	

Außerdem finden Sie nachfolgend eine Checkliste zum Raumbedarf, damit Sie nach Möglichkeit bei Ihrer Wunschliste für die optimale Wohnungslösung nichts vergessen:

1.3 Der Kaufzweck

Wichtig ist, sich über den eigentlichen Kaufzweck einer Eigentumswohnung im Klaren zu sein, denn nur er begründet in der Regel die Entscheidung für eine Eigentumswohnung und gegen ein Haus. Soweit der Kaufzweck finanziell begründet ist, also im niedrigeren Kaufpreis einer Eigentumswohnung gegenüber einem Haus liegt, oder soweit er im geringen Raumbedarf begründet ist, z. B. für einen Singlehaushalt oder einen Seniorenhaushalt, mögen dies gewichtige Gründe sein, die für eine Eigentumswohnung und gegen ein Haus sprechen. Die größere Freiheit hingegen, die eine Eigentumswohnung zu versprechen scheint, ist kein solcher Grund. Dies wird spätestens aus dem Wohnungseigentumsgesetz (WEG) ersichtlich (Siehe Kapitel 2.0).

Gewichtige Kaufgründe für eine Eigentumswohnung können die nachfolgenden sein.

1.3.1 Der Kauf für einige Jahre

Es kann sein, dass der Kauf einer Eigentumswohnung nur als Zwischenlösung angestrebt wird, z. B. weil man aus beruflichen Gründen den Ort wechseln muss und an dem neuen Ort keine angemessene Mietwohnung findet oder über den Kauf einer Eigentumswohnung Kapital sichern will. Es kann auch sein, dass der Kauf einer Eigentumswohnung als Zwischenschritt auf dem Weg zum eigenen Haus angesehen wird. Gerade bei Zwischenlösungen, die von Anfang an als solche definiert werden, ist es wichtig, darauf zu achten, dass die Wohnung nach Beendigung der Eigennutzung auch wieder einfach verkauft werden kann. Es ist sinnvoll darüber nachzudenken, bei Zwischenlösungen nicht die Wohnung zu erwerben, die den persönlichen Ansprüchen am nächsten kommt, sondern die, die sich mit Sicherheit auch wieder gut verkaufen lässt.

Die wesentlichen Wiederverkaufsfaktoren einer Immobilie sind immer:

- Stadt oder Gemeinde
- Lage in dieser Stadt oder Gemeinde
- Größe des Gebäudes selbst und die Anzahl der Wohneinheiten
- Bausubstanz
- Grundriss der Wohnung

- technische Ausstattung
- zusätzliche Einrichtungen (Garten, Tiefgaragenstellplätze etc.)

Diese Rahmenfaktoren müssen Sie immer im Auge behalten. Ein Stadtteil, der Ihnen besonders gut gefällt, kann einen schwierigen Stand am Immobilienmarkt haben, ein Grundriss, der Ihnen besonders gut gefällt, muss nicht allen gefallen.

Wenn Sie die Wohnung also nicht als endgültige Lösung für sich betrachten, sondern nur als vorübergehende Kapitalsicherung, dann ist es sicherlich sehr sinnvoll, im Rahmen der Eckdaten eine Entscheidung für oder gegen eine Immobilie zu fällen.

1.3.2 Der Kauf für die langjährige Eigennutzung

Wenn eine Eigentumswohnung für die langjährige Eigennutzung erworben werden soll, werden sich einige Kaufkriterien verschieben. So wird man bei einigen Punkten ungern Kompromisse machen, denn schließlich strebt man an, viele Jahre in der gekauften Wohnung selbst zu wohnen. Hier sind insbesondere zu nennen:

- Lage der Wohnung (angenehme Aussicht, Lärmfreiheit etc.)
- Umfeld der Wohnung (Infrastruktur für wechselnde Lebensbedürfnisse)
- Größe des Gebäudes selbst und die Anzahl der Wohneinheiten
- Bausubstanz der Wohnung
- Grundrisszuschnitt der Wohnung
- technische Ausstattung der Wohnung

Insoweit man den kurzfristigen Wiederverkauf der Eigentumswohnung nicht anstrebt, ist es auch durchaus sinnvoll, hier vorrangig danach zu schauen, wo man sich selber wirklich wohl fühlt, denn über viele Jahre in einem Kompromiss zu leben, um den Wiederverkauf zu sichern, kann ganz andere Probleme aufwerfen.

1.3.3 Der Kauf für die Kinder oder als Kapitalanlage

Sehr häufig werden Eigentumswohnungen auch für die Kinder gekauft, z. B. wenn diese außerhalb studieren oder eine anderweitige Ausbildung absolvieren. Hier sind besonders Einzimmer-Appartements beliebt. Eigentumswohnungen werden auch als reine Kapitalanlage gekauft, um damit durch die Vermietung eine angemessene Rendite zu erzielen.

Abb. 1:
Öffentlicher Personennahverkehr in der Nähe?

Abb. 2:
Medizinische Grundversorgung in der Nähe?

Beides sind eher Fremdzwecke, die wiederum bedingen, dass man auf die Wiederverkäuflichkeit bzw. Weitervermietungsfähigkeit der Immobilie achtet. So sind beispielsweise Einzimmer-Appartements im Schwerpunkt sicher nur in ausgewiesenen Studentenstädten gut zu vermieten. In anderen Städten, in denen keine Nachfrage nach Ein-Zimmer-Appartements besteht, können solche Minimalwohnungen erhebliche Probleme am Markt bekommen. Berufstätige Singles z. B. erheben heute oft einen hohen Anspruch an den Wohnkomfort. Schon Zwei-Zimmer-Wohnungen sind hier häufig zu klein. Der durchschnittliche Wohnflächenbedarf ist in den zurückliegenden Jahren sprunghaft gestiegen. Er liegt zwischenzeitlich bei ca. 50 bis 60 m^2 pro Person.
Bei einer Eigentumswohnung, die als Kapitalanlage genutzt werden soll, muss in jedem Fall auch auf eine gewisse Großzügigkeit der Wohnung geachtet werden. Monotone Grundrisse in relativ gleichförmigen Hausblocks lassen sich immer schwerer vermieten.

Auch die Außengestaltung des Hauses kann bei der Vermietung eine Rolle spielen. Wohnungen in Häusern mit ansprechend gestalteten Hausfassaden werden auch von Mietern bevorzugt gewählt.

1.3.4 Der Kauf als Urlaubs- oder Altersruhesitz

Der Kauf einer Eigentumswohnung als Urlaubs- oder Altersruhesitz ist dem Fall der Eigennutzung zuzurechnen.
Hier wird man nicht darauf verzichten wollen, viele eigene Wünsche mit dem Immobilienkauf zu verwirklichen. Man wird hier weniger auf den Markt schauen, an den die Immobilie eines Tages vielleicht weiter veräußert werden muss, als auf die eigenen Bedürfnisse. Von der Lage der Immobilie über die Grundrissaufteilung der Wohnung bis zur technischen Ausstattung, ganz ähnlich wie im Falle der geplanten langjährigen Eigennutzung.

Im Falle des Wohnungskaufs als Altersruhesitz sollten mindestens folgende Punkte beachtet werden:

- Barrierefreier Zugang bis zur Wohnung
- Barrierefreiheit der Wohnung selbst (Türbreiten, Flurbreiten, Balkonschwellen, Badaufteilungen und -ausstattungen)
- Infrastruktur für das Alter (Lebensmittelladen, Bäckerei, Arztpraxen, Apotheken, Öffentlicher Personennahverkehr)
- ausreichend großes Bad, eine ausreichend große Küche
- Vorhandensein eines Aufzugs bei Wohnungen in Obergeschossen
- breite Flure
- niedrige Fensterbrüstungen, durch die man auch im Sitzen nach draußen sehen kann
- schwellenfreier Zugang auf den Balkon

Wichtig ist, dass Sie den Grund, warum Sie eine Eigentumswohnung kaufen möchten, klar eingrenzen und aus dieser Perspektive heraus dann an die Überlegungen zu den wesentlichen Kriterien gehen, die Sie - je nach Kaufgrund - beachten müssen.

1.4 Der Wohnungsgrundriss

Bei Eigentumswohnungen gibt es naturgemäß sehr unterschiedliche Grundrisstypen, da auch die Gebäudetypen sehr unterschiedlich sind. Dennoch werden leider immer wieder zwei Grundrissfehler gemacht.

Einerseits ist dies die fehlende Berücksichtigung der Barrierefreiheit und zum Anderen ist es die Wohnungserschließung. Da eine Wohnung – im Gegensatz zu einem Haus – meist nur eine Wohnebene hat, ist die Trennung von »öffentlichem« und »privatem« Bereich um so wichtiger. Während diese Zäsur bei den meisten Häusern dadurch erfolgt, dass der »öffentliche« Bereich mit Windfang, Gästetoilette, Küche und Wohnzimmer im Erdgeschoss angesiedelt ist und der »private« Bereich mit den Schlafzimmern und den Bädern im Obergeschoss, gibt es nicht wenige Wohnungen, die man zunächst durch den »Privatbereich« betritt, um dann in den »öffentlichen« Bereich zu gelangen.
Solche Wohnungsgrundrisse entsprechen nicht den Anforderungen an die Bewohnerbedürfnisse nach einem eher öffentlichen und einem eher privaten Bereich, sie bieten keine ausreichenden Rückzugsmöglichkeiten, z. B. auch dann, wenn Besuch untergebracht werden soll oder eine Feier geplant ist, von der sich ein Partner eventuell früher zurückziehen will.

Musterbeispiel eines guten Wohnungsgrundrisses

Gute Wohnungsgrundrisse berücksichtigen das Betreten der Wohnung in den öffentlichen Bereich und von dort in den privaten. Im öffentlichen Bereich ist ferner ein Gäste-WC angeordnet, damit Besucher nicht das WC im privaten Bad-Bereich nutzen müssen.
Außerdem ist durchgängig die Barrierefreiheit des gesamten Wohnraums berücksichtigt.
Würde man die auf der Seite 26 abgebildeten Beispiele problematischer Wohnungsgrundrisse unter Berücksichtigung aller gegebenen Rahmenbedingungen, wie Lage der jeweiligen Wohnungseingänge, Fenster, Balkone und Installationsschächte, optimieren, könnten sich die auf Seite 27 dargestellten Grundrisse ergeben.

Häufig resultieren ungünstige Wohnungsgrundrisse nicht so sehr aus den Zwängen des Gebäudes, sondern aus nicht ausreichend durchdachten und optimierten Planungen.

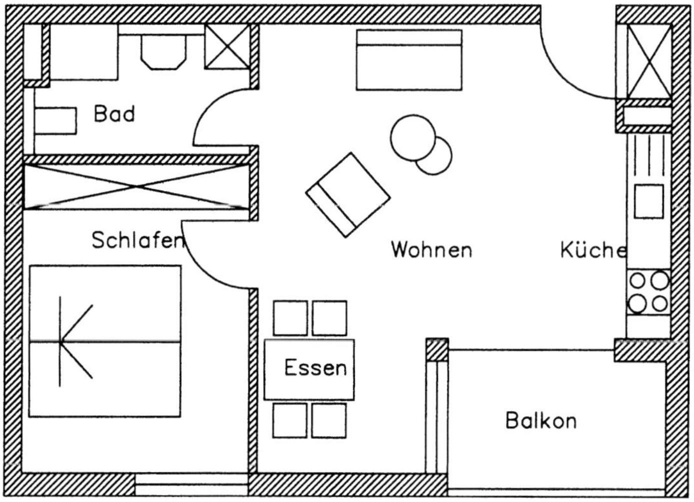

Abb. 3:
Nicht optimierter Wohnungsgrundriss 1

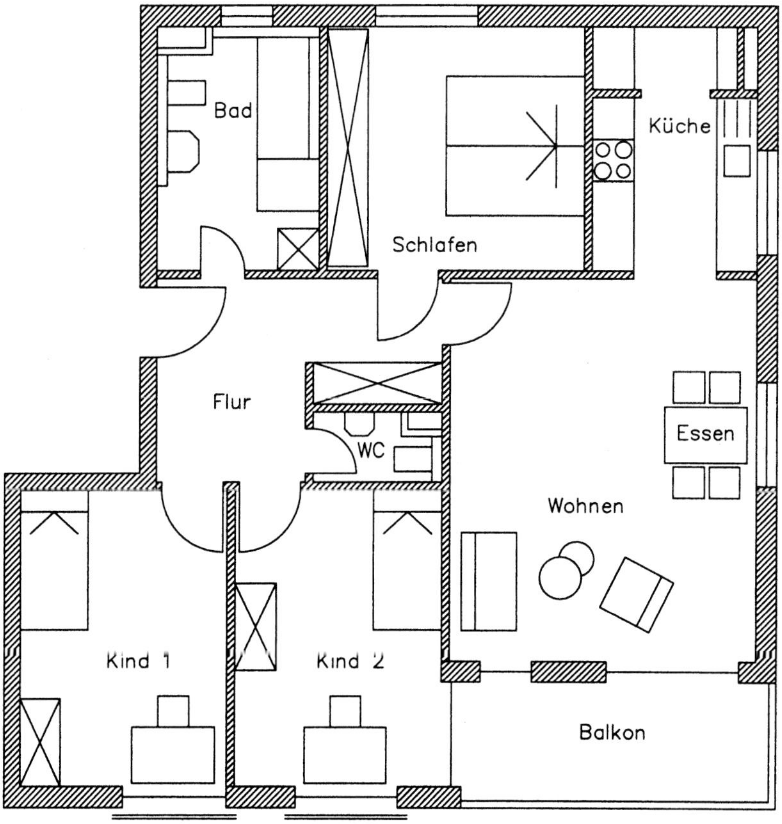

Abb. 4:
Nicht optimierter Wohnungsgrundriss 2

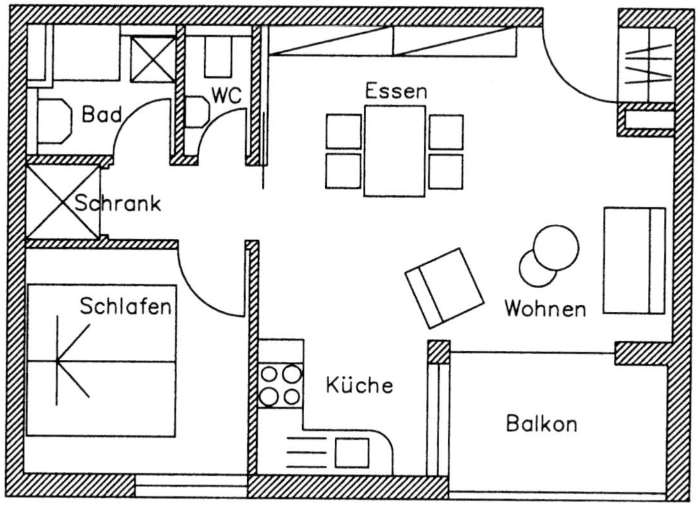

Abb. 5:
Optimierter
Wohnungsgrundriss 1

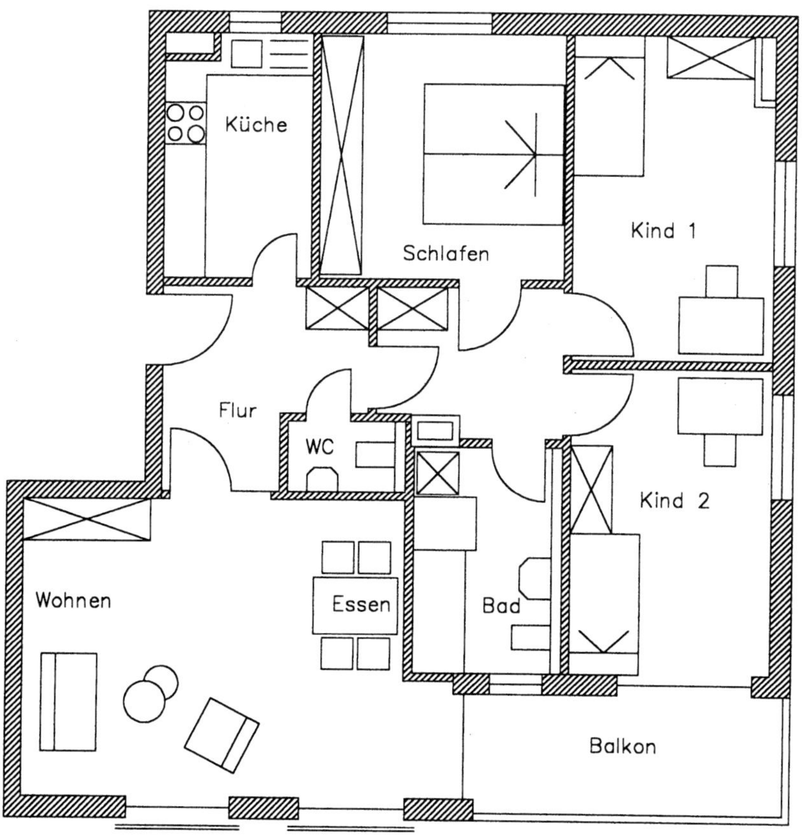

Abb. 6:
Optimierter
Wohnungsgrundriss 2

2 Das Wohnungseigentumsgesetz (WEG) und seine praktischen Auswirkungen

Das Modell der Eigentumswohnung ist noch gar nicht so alt, wie man glauben mag. Erst in den 1950er Jahren wurde die Teilung von Gebäuden in Wohnungseigentumseinheiten möglich, durch das »Gesetz über das Wohnungseigentum und das Dauerwohnrecht (Wohnungseigentumsgesetz)«. Exakt stammt es vom 15. März 1951. Bis zu diesem Datum gab es in Deutschland keine gesetzliche Grundlage zur Eigentumsaufteilung von Gebäuden.

2.1 Von den Problemen der Gebäudeteilung

Aus heutiger Sicht scheint es kaum vorstellbar, dass es bis in die 1950er Jahre hinein keine gesetzliche Grundlage zur Eigentumsaufteilung an Gebäuden gab. Doch wenn man sich vor Augen hält, mit welchen Problemen eine Gebäudeaufteilung verbunden ist, wird klar, dass die Aufteilung eines Gebäudes in einzelne Eigentumsparzellen bis heute eine komplizierte Angelegenheit ist.
Anzusprechen sind hier z. B. die Hausfundamente, auf denen das Haus, das allen gehört, gegründet ist und steht. Anzusprechen sind gemeinsame Dachflächen, die das Haus von oben schützen. Gemeinsame Heizleitungen führen durch das gesamte Haus, durch die einzelnen Eigentumswohnungen und deren Zimmer. Zwischendecken, die für die eine Wohnung eine Deckenfunktion haben, haben für die andere Wohnung die Bodenfunktion. Wo hört hier das Eigentum des Einen auf, wo fängt das Eigentum des Anderen an? Und wie ist es mit der

Abb. 7: Was gehört eigentlich wem bei einem Gebäude mit Eigentumswohnungen? Wem gehört welcher Fassadenteil? Und wem welcher Dachanteil?

Hausfassade vor einer Wohnung oder mit dem davor sitzenden Balkon? Kann ein Eigentümer die Hausfassade vor seiner Wohnung z. B. in dem Farbton streichen, in dem er sie streichen will? Und kann er den Balkon demontieren lassen, wenn er ihm nicht gefällt oder aber vergrößern lassen, wenn er ihn für zu klein hält? Hier tauchen viele grundlegende Fragen auf, die der Gesetzgeber in eben jenem Gesetz von 1951 versucht hat zu regeln, um Rechtssicherheit zu schaffen.

2.2 Das Gesetz über das Wohnungseigentum und das Dauerwohnrecht (Wohnungseigentumsgesetz)

Das WEGesetz besteht im Wesentlichen aus vier Teilen, die wiederum untergliedert sind in einzelne Abschnitte und Paragraphen.

Im Einzelnen gliedert sich das Gesetz folgendermaßen:

I. Teil. Wohnungseigentum

1. Abschnitt. Begründung des Wohneigentums
2. Abschnitt. Gemeinschaft der Wohnungseigentümer
3. Abschnitt. Verwaltung
4. Abschnitt. Wohnungserbbaurecht

II. Teil. Dauerwohnrecht

III. Teil. Verfahrensvorschriften

IV. Teil. Ergänzende Bestimmungen

Nachfolgend werden die wichtigsten Begriffe des WEGesetzes ausführlicher erklärt.

2.3 Wohnungseigentum

Nach dem WEGesetz ist Wohnungseigentum im Wortlaut Folgendes:

»Wohnungseigentum ist das Sondereigentum an einer Wohnung in Verbindung mit dem Miteigentumsanteil an dem gemeinschaftlichen Eigentum, zu dem es gehört.«

Dies heißt in der Praxis konkret, dass die Eigentumswohnung an sich Sondereigentum ist, das Treppenhaus oder die Kellerräume aber beispielsweise nicht. In der Regel gilt aber auch das Sondereigentum nur für die Oberflächengewerke innerhalb der Wohnung. Das bedeutet, der verlegte Fliesenboden oder Parkettboden ist Sondereigentum des

Wohnungsbesitzers, aber bereits der Estrich unmittelbar darunter ist gemeinschaftliches Eigentum. Ähnlich verhält es sich mit Bauteilen wie Wänden oder Decken. Nichttragende Wände gehören dem Wohnungseigentümer in Form von Sondereigentum, tragende Wände dagegen oder auch zur Abgrenzung der Wohnung dienende Wände sind gemeinschaftliches Eigentum. Ein Wohnungseigentümer kann demnach also nicht einfach eine Tür in eine tragende Wand in seiner Wohnung brechen lassen, wenn er dieses gerne hätte, sondern hier muss eine Abstimmung mit allen WEG-Beteiligten erfolgen, da es sich bei dieser Wand um gemeinschaftliches Eigentum handelt.

2.4 Teileigentum

Nach dem WEGesetz ist Teileigentum im Wortlaut folgendes:

»Teileigentum ist das Sondereigentum an nicht zu Wohnzwecken dienenden Räumen eines Gebäudes in Verbindung mit dem Miteigentumsanteil an dem gemeinschaftlichen Eigentum, zu dem es gehört.«

Unter das Teileigentum fallen klassischerweise Kelleräume aber auch beispielsweise Dachspeicherräume. Der Waschkeller kann hierzu ebenso gehören wie der Heizungskeller oder der Trockenboden. Über die Nutzung von Teileigentum kann der Wohnungseigentümer nicht alleine bestimmen. Will er beispielsweise bauliche Veränderungen hieran vornehmen, muss dies zwingend von der Wohnungseigentümerversammlung beschlossen werden.

Darüber hinaus sind aber auch vorübergehende Fremdnutzungen, wie z. B. die Nutzung eines Trockenraumes als Partykeller mit den anderen Wohnungseigentümern abzustimmen. Dieses ist im Bereich des Sondereigentums nicht notwendig. Ob Sie auf Ihrem Balkon Wäsche trocknen oder eine Party feiern, bleibt zunächst einmal Ihnen überlassen.

2.5 Gemeinschaftliches Eigentum

Nach dem WEGesetz ist gemeinschaftliches Eigentum im Wortlaut Folgendes:

»Gemeinschaftliches Eigentum im Sinne dieses Gesetzes sind das Grundstück sowie die Teile, Anlagen und Einrichtungen des Gebäudes, die nicht in Sondereigentum oder Eigentum eines Dritten stehen.«

Als gemeinschaftliches Eigentum können alle Gebäudeelemente bezeichnet werden, die gemeinschaftlich genutzt werden, aber weder unter das Sondereigentum noch unter das Teileigentum fallen, also z. B. technische Installationen, die das gesamte Gebäude betreffen, Elemente wie Fundament oder Dach. Vor allem aber gehören dazu auch Zugangsflächen und -flure, Treppenhäuser sowie Rettungswege und schließlich natürlich das Grundstück selbst dazu.

Es empfiehlt sich, in der Teilungserklärung sehr genau hinzusehen, welche Gebäudeelemente, -flächen und -teile wie definiert sind. Teilungserklärungen, die Ihnen vorgelegt werden, sollten grundsätzlich auch mit den im Grundbuch eingetragenen Teilungserklärungen verglichen werden. So könnte es passieren, dass Sie eine wunderschöne Dachwohnung mit einer großen Dachterrasse erwerben, aber dann erfahren, dass es sich bei der Dachterrasse um gemeinschaftliches Eigentum handelt, an dem Sie nur ein Sondernutzungsrecht haben. Möglicherweise gibt es zu diesem Sondernutzungsrecht aber keine ordnungsgemäße – also einstimmige – WEG-Beschlusslage, geschweige denn eine ordnungsgemäße Grundbucheintragung. Dies wäre äußerst problematisch für Sie, weil Sie faktisch keine alleinige Berechtigung zur Nutzung dieser Dachterrasse haben.

Dieses Beispiel soll Ihnen verdeutlichen, wie wichtig es ist, dass Sie sich die Teilungspläne und Definitionen der Teilungserklärung sehr genau ansehen, bevor Sie sich zu einem Kauf entschließen.

2.6 Die Teilungserklärung

Teilungserklärungen bestehen aus einem schriftlich-textlichem Teil und einem planerisch-zeichnerischem Teil. In ihnen ist exakt festgelegt, welche Teile des Gebäudes Sondereigentum, Teileigentum oder gemeinschaftliches Eigentum sind. Das Gebäude ist, wie ebenfalls zu Beginn des Buches erwähnt, in 1000er Anteile aufgeteilt, so genannte Miteigentumsanteile. So kann die von Ihnen gewünschte Wohnung beispielsweise über 197 Tausendstel (197/1000stel) Miteigentumsanteile verfügen.

Von diesen Aufteilungen ist einiges abhängig. Zum einen hängt an der Zuteilung der Tausendstel-Anteile die Umlage beispielsweise von Handwerkerrechnungen am Gemeinschaftseigentum. Ist in der Teilungserklärung nichts anderes vereinbart, werden solche Kosten entsprechend den Miteigentumsanteilen am Gebäude den Eigentümern belastet. Gleiches gilt für die Kosten des WEG-Verwalters.

Ferner hängt von den Miteigentumsanteilen die Beschlussfähigkeit der WEG-Versammlungen ab. Auch hier kann in der Teilungserklärung, abweichend vom Gesetz, verlangt werden, wie viele Miteigentumsanteile auf einer WEG-Versammlung anwesend sein müssen, damit Beschlussfähigkeit herrscht – ungeachtet eines BGH-Urteils aus dem Jahr 2000 hierzu (siehe Seite 36).

Die Heizkosten wiederum werden gemäß der Heizkostenverordnung, also entweder nach dem tatsächlichen Verbrauch und/oder nach der Verbrauchsfläche abgerechnet. Hier gibt es für Teilungserklärungen relativ wenig Spielraum.

2.7 Gebrauchsregelungen

Nach dem WEGesetz bestimmen Gebrauchsregelungen im Wortlaut Folgendes:

Die Wohnungseigentümer können den Gebrauch des Sondereigentums und des gemeinschaftlichen Eigentums durch Vereinbarung regeln.

Gebrauchsregelungen können hierbei sowohl Pflichten- oder Verbotsregelungen enthalten, wie z.B. eine festgeschriebene Hausordnung oder das Verbot des Haltens von Haustieren in dem betreffenden Gebäude, genauso gut aber können sie auch Rechte festhalten, wie z. B. Sondernutzungsrechte an einer Dachterrasse für einen der Eigentümer.

Gebrauchsregelungen sollten grundsätzlich ins Grundbuch eingetragen werden, dadurch sind sie zum einen transparent einsehbar und außerdem nicht über Nacht revidierbar. Änderungen erfordern dann eine einstimmige Beschlusslage und Änderung im Grundbuch.

Gebrauchsregelungen sind ferner auch veräußerbar, d. h., dass Sie mit dem Erwerb einer Dachwohnung auch die Gebrauchsregelung des Sondernutzungsrechtes an einer Dachterrasse erwerben und weiter veräußern können.

2.8 Dauerwohnrecht

Ein erheblicher Teil des WEGesetzes befasst sich mit der Thematik des Dauerwohnrechts. Wörtlich heißt es:

Ein Grundstück kann in der Weise belastet werden, dass derjenige, zu dessen Gunsten die Belastung erfolgt, berechtigt ist, unter Ausschluss des Eigentümers eine bestimmte Wohnung in einem auf dem Grundstück errichteten oder zu errichtenden Gebäude zu bewohnen oder in anderer Weise zu nutzen (Dauerwohnrecht).

Dieser Passus des WEGesetzes ist nicht zuletzt auch aus den historischen Zusammenhängen des WEGesetzes zu verstehen. Eine Vielzahl von Gebäuden musste nach Erlass des Gesetzes überhaupt erst einmal ordnungsgemäß aufgeteilt und mit neuen Grundbucheintragungen versehen werden. Wäre hier kein Werkzeug geschaffen worden, mit dem z. B. Menschen, die bereits seit Jahrzehnten in einer Wohnung wohnten, ein Dauernutzungsrecht zugestanden hätte, hätte dies zum einen zu erheblichem sozialen Unfrieden führen können, zum anderen wäre es unter Umständen zur Entmietung ganzer Gebäude gekommen. Zur Entstehungszeit des WEGesetzes gab es aber immer noch eine gewisse Wohnungsnot, weshalb eine Regelung in das Gesetz implementiert werden musste, die vor allem älteren, langjährigen Mietern der Wohnungen Sicherheit gab, auch bei Verkauf der Wohnung gegebenenfalls in dieser bleiben zu können.

Für Sie als heutigem Käufer einer Eigentumswohnung ist es daher sehr wichtig, im Grundbuch nachzusehen, ob auf der Wohnung, die Sie erwerben wollen, in irgendeiner Weise ein Dauerwohnrecht lastet. Ist dies der Fall, könnten Sie unter Umständen die von Ihnen erworbene Wohnung nicht einmal nutzen.

2.9 Die Verwaltung der Wohnungseigentümergemeinschaft in der Praxis

Die Wohnungseigentümergemeinschaft (WEGemeinschaft) ist beim Wohnungskauf ebenfalls ein wichtiger Faktor. Gemäß dem WEGesetz wird die WEGemeinschaft vor allem von zwei Rahmendaten bestimmt, von den Mitgliedern der WEGemeinschaft selbst und vom WEG-Verwalter. Beide, sowohl die Mitglieder der WEGemeinschaft als auch den WEG-Verwalter sollten Sie vor der Entscheidung für eine Wohnung kennen.

Zu unterscheiden sind hierbei allerdings verschiedene Bedingungen, die Sie vorfinden können, wenn Sie eine Eigentumswohnung erwerben: Kaufen Sie eine Neubauwohnung, so kann es sein, dass der WEG-Verwalter noch nicht feststeht. Sie können diesen noch gemeinsam mit Ihren neuen WEG-Partnern selbst bestimmen.

Kaufen Sie eine gebrauchte Eigentumswohnung, treten Sie an Stelle des Vorbesitzers Ihrer Wohnung in die bestehende WEGemeinschaft ein.

Anders liegt der Fall bei einer gebrauchten Wohnung nur, wenn z.B. ein altes Haus umgebaut und hierbei erstmals in Eigentumswohnungen aufgeteilt wurde. Dann könnte es sein, dass Sie einen neuen WEG-Verwalter bestimmen können.

Was ist ein WEG-Verwalter und welche Aufgaben hat er in der Praxis?

2.10 Der WEG-Verwalter

Der WEG-Verwalter führt gemäß dem WEGesetz die gesamte Verwaltung des gemeinschaftlichen Wohneigentums durch. Dies hört sich zunächst relativ einfach an, ist es aber nicht unbedingt. Zur Verwaltung gehören beispielsweise

- die Abhaltung und Protokollierung der WEG-Versammlungen
- die Abrechnung sämtlicher Verbrauchskosten gegenüber den Eigentümern
- die gesamte Instandhaltungsverwaltung
- die Aufstellung eines Wirtschaftsplans
- die Bewirtschaftung der Instandhaltungsrücklagen
- die Vertretung der WEG nach außen.

Aus diesem Aufgabenspektrum wird bereits deutlich, dass der Beruf des WEG-Verwalters eine Querschnitttätigkeit ist, die zahlreiche Felder abdecken muss. WEG-Verwalter benötigen in Deutschland keinerlei berufsqualifizierende Ausbildung. Jeder, der sich hier berufen oder qualifiziert fühlt, kann in diesen Tätigkeitszweig einsteigen, ähnlich wie im Bereich der Bauträger oder Immobilienmakler.

Kleine Eigentümergemeinschaften bestimmen mitunter aus Ihren Reihen einen Verwalter, um die von externen WEG-Verwaltern erhobenen Gebühren zu sparen.

2.11 Die WEG-Versammlung

Mindestens einmal im Jahr muss zwingend eine WEG-Versammlung durchgeführt werden. Auf dieser Versammlung sollten alle WEG-Mitglieder anwesend sein. Nach neuerer Rechtsprechung müssen für immer mehr Entscheidungen alle Mitglieder zwingend anwesend sein oder sich mit Vollmacht vertreten lassen, sonst erhalten durchgeführte Abstimmungen keine Gültigkeit.

Hier taucht nun bereits das erste große Problem auf. Bedenken Sie nur, wie schwierig es ist, zehn Bekannte oder Freunde für einen gemeinsamen Fondue-Abend zu koordinieren. Es ist kaum zu schaffen. Nicht unähnlich ist dies auch bei WEG-Versammlungen, nicht zuletzt deshalb, weil bei weitem nicht jeder Wohnungsbesitzer in der betreffenden Wohnung wohnen muss. Gerade Eigentumswohnungen werden häufig nur als Kapitalanlage erworben und dann vermietet. So kann es durchaus sein, dass eine ganze Reihe der WEG-Mitglieder gar nicht in der betreffenden Stadt leben, sondern mitunter sehr weit weg, unter Umständen sogar im Ausland. Zwar gibt es die Möglichkeit, Vollmachten auszustellen und sich damit bei WEG-Versammlungen vertreten zu lassen, doch wird hiervon eher selten Gebrauch gemacht – zumal es die Gesetzeslage zulässt, nicht anwesend zu sein und später trotzdem Einspruch gegen getroffenen Entscheidungen erheben zu können.

Stimmenverteilung und Gebäudeaufteilung:
Grundsätzlich ist es so, dass gemäß dem WEGesetz jedes WEG-Mitglied, das heißt jede Eigentumspartei, eine Stimme hat. Wohnt also eine vierköpfige Familie in einer Wohnung und in einer anderen Wohnung ein Single, gelten beide als jeweils eine Eigentumspartei, die auch beide jeweils mit einer Stimme ausgestattet sind, unabhängig von der Größe Ihrer Wohnung oder den Eigentumsanteilen, die sie damit erworben haben. Diese wirken sich nur auf die zu übernehmenden finanziellen Lasten aus, die innerhalb der WEGemeinschaft zu tragen sind.

In § 25 des WEGesetzes heißt es wörtlich: *»Jeder Wohnungseigentümer hat eine Stimme. Steht ein Wohnungseigentum mehreren gemeinschaftlich zu, so können sie das Stimmrecht nur einheitlich ausüben.«* Das WEGesetz lässt auch andere Stimmenverteilungen zu, allerdings müssen diese von allen WEG-Mitgliedern einstimmig beschlossen worden sein und im Grundbuch festgeschrieben werden. Möglich ist beispielsweise das Anteilsprinzip, nach dem jede Stimme gemäß Ihrem Anteil am Gebäude gewichtet wird.

Bei der Teilung eines Gebäudes schreibt der Gesetzgeber vor, dass dieses über einen so genannten Teilungsplan in Tausendstel Anteile aufgegliedert werden muss (siehe Kapitel 1.6). Mit dem Kauf einer Wohnung erwerben Sie dann z. B. 153/1000stel Anteile. Die auf die einzelnen Eigentümer verteilten Tausendstel-Anteile am Gebäude richten sich nicht zwingend nach den bewohnten Quadratmetern, sondern können auch anders festgelegt werden. Entsprechend den Tausendstel-Anteilen, die Sie halten, kann Ihre Stimme nun gewichtet werden.

Es kann bei kleinen Objekten durchaus passieren, dass sich ein Miteigentümer über seine Anteile am Gebäude eine permanente Mehrheit in den WEG-Versammlungen sichert. Dies ist zwar zulässig, kann aber für die Minderheit sehr ärgerlich sein.

Beschlüsse mit einfacher Mehrheit und Vereinbarungen durch Einstimmigkeit:

Es gibt innerhalb einer WEG-Versammlung sowohl Punkte, die einer einfachen Mehrheit der Stimmen bedürfen, als auch Vereinbarungen, die einer Einstimmigkeit bedürfen. Mit einer einfachen Mehrheit sind in der Regel normale Instandsetzungsarbeiten, wie z. B. die Erneuerung von Heizungsrohren, herbeizuführen. Einstimmigkeit hingegen muss herrschen, wenn außergewöhnliche Maßnahmen, z. B. tiefgreifende bauliche Umgestaltungen, die die Eigenart der Wohnanlage verändern, wie Anbauten, Aufbauten etc. erfolgen sollen. Seit der Reform des WEGesetzes vom Juli 2007 können allerdings umfassende bauliche Eingriffe, die der Modernisierung, insbesondere der energetischen Modernisierung dienen, auch ohne einstimmige Beschlusslage gefasst werden. Dann nämlich, wenn dies mit einer Mehrheit von drei Viertel aller stimmberechtigten Wohnungseigentümer und mehr als der Hälfte aller Miteigentumsanteile beschlossen wird.
Bislang war es so, dass ein Beschluss, der der Einstimmigkeit der WEG bedarf, zu dessen Beschlussfassung aber z. B. nur 75 % der Miteigentumsanteile durch Wohnungsbesitzer vertreten waren, nur dann Gültigkeit erlangte, wenn innerhalb der gesetzlichen Einspruchsfrist von in der Regel vier Wochen kein anderer Wohnungseigentümer gerichtlich hiergegen vorging. Dies war der so genannte Zwitterbeschluss, der auch Zitterbeschluss genannt wurde, weil man vier Wochen um den Beschluss »zittern« musste, bis er Bestand hatte.

Neue Rechtslage seit einem BGH-Urteil vom 20. September 2000:

Mit einem Urteil vom 20. September 2000 hat der Bundesgerichtshof (BGH) mit dieser Rechtsauffassung gebrochen. Nach diesem vorliegenden Urteil ist ein WEG-Beschluss, der der Einstimmigkeit bedarf, von Grunde auf nicht gültig, wenn ihm nicht sämtliche Mitglieder der WEG ausdrücklich zugestimmt haben. Der BGH revidierte damit seine eigene Rechtsprechung aus dem Jahr 1970.

Diese neue Auffassung des BGH wird in der Praxis der WEG-Verwaltung zu neuen Handhabungen führen. Denn schon das Anlegen von Gartenwegen oder das Aufstellen einer Kinderrutsche im Garten bedarf einer Vereinbarung, also einer Einstimmigkeit aller WEG-Mitglieder.

Besteht Ihre WEGemeinschaft nun aus fünfzehn bis zwanzig Parteien, kann es sehr lange dauern, bis Sie eine Kinderrutsche im Garten aufstellen dürfen, selbst wenn Sie dies nur temporär für einige Jahre tun wollen.

Insbesondere aber können nach der BGH-Rechtsprechung auch zahlreiche alte Beschlüsse von WEG-Versammlungen angezweifelt werden. Besonders kritisch für Sie als Käufer kann dies z.B. sein, wenn Sie ein im Grundbuch verbrieftes Sondernutzungsrecht für eine Dachterrasse zusammen mit Ihrer Wohnung erwerben, sich schließlich aber herausstellt, dass bei Beschlussfassung über Erteilung dieses Sondernutzungsrechtes an den Vorbesitzer Ihrer Wohnung einige Miteigentümer nicht anwesend waren, die dieses Sondernutzungsrecht zu Ihren erheblichen Ungunsten nun anfechten können.

Beschlussfähigkeit und Stimmenaufteilung:
Damit eine Beschlussfähigkeit einer Eigentümerversammlung überhaupt vorliegt, muss nach dem WEGesetz mindestens die Hälfte aller Miteigentumsanteile vertreten sein. Das heißt, dass das Haus laut Gesetz in 1000er Anteile aufgeteilt wurde und sich nun z. B. folgendes Bild ergibt: Ihre Wohnung innerhalb der WEG verfügt über 187/1000stel Anteile. Bis zur Beschlussfähigkeit der Versammlung fehlen also weitere 313, damit mindestens 500 von Tausend Miteigentumsanteilen vertreten sind. Je nachdem, wie diese noch fehlenden Anteile auf andere Wohnungen verteilt sind, kann es sein, dass bereits die Anwesenheit eines weiteren Eigentümers reicht, um das geforderte Quorum zu erfüllen. Genauso kann es aber sein, dass mindestens zwei weitere Eigentümer erscheinen müssen, damit eine Beschlussfähigkeit vorliegt. Eine Teilungserklärung kann bezüglich dem erforderlichem Quorum aber auch andere Regelungen treffen, so dass schon ein niedrigeres Quorum reicht.

Dies ist der Rahmen, auf dessen Basis auf einer WEG-Versammlung dann zu den Tagesordnungspunkten ein Beschluss herbeigeführt wird, der für die betreffende WEG-Versammlung in der Einladung angekündigt wurde.

Sind bei einer WEG-Versammlung nach dem Tausendstel-Quorum zu wenige WEG-Mitglieder anwesend, muss eine Versammlung abermals einberufen werden. Bei dieser zweiten Versammlung war die WEG-Versammlung dann bislang nicht an die Erfordernisse der Beschlussfähigkeit gebunden. Nach der neuen Entscheidung des BGH sieht dies nun aber anders aus, vor allem hinsichtlich einstimmig zu fassender Beschlüsse. Diese müssen gegebenenfalls schriftlich bei allen Beteiligten eingeholt werden.

Einladung zur WEG-Versammlung

Bereits auf der Einladung zu einer WEG-Versammlung müssen alle Beschlusspunkte vermerkt gewesen sein, sonst können Sie innerhalb der WEG-Versammlung nicht ohne weiteres zur Abstimmung gestellt werden. Außerdem muss die Einladung mindestens eine Woche vor Einberufung der WEG-Versammlung erfolgt sein.

Feststellung der Beschlussfähigkeit

Zunächst wird gemäß dem WEGesetz bzw. der geltenden Teilungserklärung die Beschlussfähigkeit festgestellt.

Protokollführung

Das WEGesetz schreibt zwingend die Protokollführung bei WEG-Versammlungen vor. Dies, damit später keine Zweifel an vorliegenden Abstimmungsergebnissen oder ähnliches aufkommen. In der Regel leitet der WEG-Verwalter die Versammlung und führt auch Protokoll.

Vorlage und Beschluss über den Wirtschaftsplan

Zwingend für wenigstens eine WEG-Versammlung im Jahr ist die Beschäftigung mit dem Wirtschaftsplan. Dieser wird vom WEG-Verwalter jährlich aufgestellt und vorgelegt. In ihm ist gemäß dem WEGesetz mindestens folgendes enthalten:

- voraussichtliche Einnahmen und Ausgaben bei der Verwaltung des gemeinschaftlichen Wohneigentums
- die anteilmäßige Verpflichtung der Wohnungseigentümer zur Lasten- und Kostentragung
- die Beitragsleistung der Wohnungseigentümer zu der im WEGesetz vorgesehenen Instandhaltungsrücklage.

Über den Wirtschaftsplan wird mit einfacher Stimmenmehrheit beschlossen.

Vorlage und Beschluss über besondere Aufwendungen

Gemäß §22 des WEGesetzes können besondere bauliche Veränderungen oder Aufwendungen, die über die ordnungsgemäße Instandhaltung oder Instandsetzung des gemeinschaftlichen Eigentums hinausgehen, nicht gemäß § 21 des WEGesetzes, also u. a. mit einfacher Stimmenmehrheit, beschlossen oder verlangt werden. Ausgenommen hiervon sind die bereits angesprochenen Modernisierungsmaßnahmen, insbesondere energetische Modernisierungsmaßnahmen, die mit einer Mehrheit von drei Viertel aller stimmberechtigten Wohnungseigentümer und mehr als der Hälfte aller Miteigentumsanteile durchgesetzt werden können.

Für umfassende bauliche Veränderungen des gemeinschaftlichen Eigentums, die die Eigenart der Wohnanlage verändern, muss, wie erwähnt, Einstimmigkeit aller WEG-Mitglieder vorliegen. Nach der erwähnten Rechtsprechung des BGH erlangt ein solcher Beschluss nur Wirksamkeit, wenn er von allen WEG-Mitgliedern gebilligt wurde, ungeachtet ihrer Anwesenheit oder Nicht-Anwesenheit auf WEG-Versammlungen.

Vorlage und Beschluss über Punkte der allgemeinen Verwaltung des Wohneigentums

Gemäß § 21 des WEGesetzes gehören zu den allgemeinen Tätigkeiten der Verwaltung des Wohneigentums vor allem folgende Aufgaben:

- die Aufstellung einer Hausordnung
- die ordnungsgemäße Instandhaltung und Instandsetzung des gemeinschaftlichen Eigentums
- der Abschluss einer Feuerversicherung für das gemeinschaftlichen Eigentum zum Neuwert sowie einer Haus- und Grundbesitzerhaftpflicht der Wohnungseigentümer
- die Ertragsbildung einer angemessenen Instandhaltungsrücklage
- die Aufstellung eines Wirtschaftsplans
- die Duldung aller Maßnahmen, die zur Herstellung einer Telefon-, Rundfunk- oder Energieversorgungseinrichtung eines Wohnungseigentümers notwendig sind.

Alle diese Punkte werden in WEG-Versammlungen in der Regel angesprochen und festgesetzt oder sind zum Zeitpunkt Ihres Eintretens in eine WEGemeinschaft bereits festgesetzt.

Alle vom Gesetz diesbezüglich aufgeführten Punkte werden mit einfacher Stimmenmehrheit beschlossen und müssen von der unterliegenden Minderheit zwingend mitgetragen werden. Dies muss Ihnen in jedem Falle klar sein. Wie schon weiter oben angesprochen, müssen Sie nämlich auch als unterlegener Miteigentümer einen beschlossenen

Wirtschaftsplan inklusive der darin festgesetzten Instandhaltungsrücklagen mittragen, obwohl Sie ihn vielleicht für grundfalsch erachten.

Vorlage und Beschluss über Sondernutzungsrechte

Ebenfalls auf WEG-Versammlungen werden Sondernutzungsrechte festgelegt, soweit sie nicht von Beginn an in der Teilungserklärung enthalten sind. Auch Sondernutzungsrechte müssen einstimmig von allen WEG-Mitgliedern gefasst werden. Sondernutzungsrechte müssen darüber hinaus im Grundbuch eingetragen werden, sonst sind sie nicht wirksam. Wirksam werden sie gemäß der neueren Rechtssprechung des BGH nur, wenn sie einstimmig von allen WEG-Mitgliedern gebilligt wurden, ungeachtet ihrer Anwesenheit oder Nicht-Anwesenheit auf WEG-Versammlungen.

Vorlage und Beschluss über Gebrauchsregelungen

§ 15 des WEGesetzes enthält die Möglichkeit der Einführung einer Gebrauchsregelung für das gemeinschaftliche Eigentum aber auch für das Sondereigentum. Eine Gebrauchsregelung kann z. B. sein, dass ein bestimmter Kellerraum nur als Trockenraum genutzt werden darf und nicht etwa als Partyraum. Ferner kann eine Gebrauchsregelung auch beinhalten, dass Tierhaltung im Gebäude untersagt ist oder dass gewerbliche Tätigkeit im Gebäude nicht zulässig ist. Auch Gebrauchsregelungen für das gemeinschaftliche Eigentum müssen einstimmig von allen WEG-Mitgliedern beschlossen werden.

Vorlage und Beschluss über die Entlastung des WEG-Verwalters

Wenn der WEG-Verwalter den Wirtschaftsplan vorgestellt und auch die Kassenabrechnung mit sämtlichen Ausgaben und Einnahmen vorgestellt hat, beschließt die WEGemeinschaft dessen Entlastung und verzichtet hierdurch vor allem darauf, Ansprüche gegen ihn geltend zu machen. Verweigert die Eigentümergemeinschaft dem Verwalter die Entlastung, heißt dies, dass Sie weiterhin Ansprüche gegen ihn geltend machen kann und die Abrechnung durch den Verwalter so nicht akzeptiert. Gerade bei ausscheidenden Verwaltern, die Ihren letzten Kassenbericht vorlegen, kommt es mitunter zu solchen Nicht-Entlastungen durch WEGemeinschaften, um Ansprüche zu sichern.

Vorlage und Beschluss über die Bestellung eines neuen WEG-Verwalters

Gemäß dem WEGesetz darf ein Verwalter höchstens auf fünf Jahre bestellt werden. Soweit Sie eine neue Eigentumswohnung oder eine sanierte Eigentumswohnung erwerben, werden Sie auch Teilungserklärungen finden, in denen der Verwalter bereits festgelegt ist, ebenso wie sein Tätigkeitszeitraum von fünf Jahren. Es gibt Bauträger, die hier von Beginn an direkt mit Verwaltern zusammenarbeiten. Nach Ablauf der fünf Jahre ist eine Verlängerung, also eine wiederholte Bestellung durch die WEG-Versammlung möglich, diese darf allerdings frühestens ein Jahr vor Ablauf der aktuell laufenden Bestellung ausgesprochen werden.

Auch die Bestellung eines WEG-Verwalters ist an einen Mehrheitsbeschluss der WEG-Versammlung gebunden. Dabei kann es vorkommen, dass derjenige WEG-Verwalter per Mehrheitsbeschluss den Zuschlag erhält, den Sie nicht mit diesem Amt betrauen wollten. Trotz dessen werden Sie diese Entscheidung mittragen müssen und ihn entsprechend auch mitbezahlen müssen.

Vorlage und Beschluss über die Einrichtung und Besetzung eines Verwaltungsbeirates

Das WEGesetz sieht gemäß §29 auch die Einrichtung eines Verwaltungsbeirates vor. Dieser soll den Verwalter bei seiner Tätigkeit unterstützen. Hierbei sind z.B. Dinge zu nennen wie die Überprüfung der Umsetzung gefasster Beschlüsse, aber auch die laufende Betreuung des Objekts, z.B. hinsichtlich Beobachtung auf Reparaturbedürftigkeiten etc.

Darüber hinaus kann ein Verwaltungsbeirat auch den Kassenbericht des WEG-Verwalters unabhängig durchsehen und dann der WEG-Versammlung das Ergebnis der Prüfung vorlegen und um Entlastung des Verwalters bitten.

Wichtig kann ein Verwaltungsbeirat werden, wenn für eine Übergangsfrist kein WEG-Verwalter zur Verfügung steht. Er kann dann zwar nicht dessen Funktionen übernehmen, er kann dann aber z.B. WEG-Versammlungen einberufen. Der Verwaltungsbeirat besteht gemäß dem WEGesetz aus einem Wohnungseigentümer als Vorsitzendem und zwei Wohnungseigentümern als Beisitzenden. Der Verwaltungsbeirat muss also zwingend aus Wohnungseigentümern der betreffenden WEGemeinschaft bestehen und wird mit einfacher Stimmenmehrheit gewählt.

Die Aufgaben des Verwaltungsbeirates sollten klar definiert und schriftlich fixiert werden. Außerdem ist über Haftungsausschlüsse nachzudenken. Ist beispielsweise ein Verwaltungsbeirat ehrenamtlich dafür mitverantwortlich, dass die Reparaturbedürftigkeit eines Hauses laufend kontrolliert wird und übersieht er hierbei lose auf dem Dach liegende Dachziegel, die kurz darauf herabstürzen und einen Sach- oder Personenschaden verursachen, ist er hierfür mit haftbar.

Wie zu erkennen ist, wurde der Besitz von Wohnungseigentum vom Gesetzgeber umfassend geregelt mit entsprechend aufwändigen Prozeduren in der Verwaltungspraxis. Wohnungseigentümer haben neben Rechten auch zahlreiche Pflichten. Die Eigentumswohnung ist also nicht nur eine Freiheit, die einem aus dem Mieterdasein entkommen lässt, sie ist insbesondere auch eine Verpflichtung gegenüber den anderen Miteigentümern.

Man sollte sich dessen bewusst sein, bevor man an den Kauf einer Eigentumswohnung geht. Bestehen an diesem Punkt bereits Zweifel über den eingeschlagenen Weg, sollte man schon hier Konsequenzen ziehen und eventuell lieber über den Erwerb eines einfachen, preiswerten Reihenhauses oder ähnlicher Wohnformen nachdenken, durch die man nicht in das WEGesetz einbezogen ist. Reihenhäuser sind rechtlich klar voneinander getrennte Gebilde, sofern sie nicht nach WEG-Recht aufgeteilt sind (auch das gibt es).

2.12 Wichtige Kaufkriterien das WEGesetz betreffend

Als potentieller Käufer einer Eigentumswohnung ergeben sich hieraus für Sie folgende konkrete Fragestellungen, die Sie vor dem Erwerb einer Eigentumswohnung in jedem Fall beantwortet haben müssen:

- Wer ist der gegenwärtige WEG-Verwalter?
- Wie sieht der gegenwärtige WEG-Wirtschaftsplan aus?
- Was sind die Inhalte existierender WEG-Protokolle?
- Wer sind die WEG-Mitglieder?

Nachfolgend soll die Überprüfung dieser Punkte aufgezeigt werden.

Der WEG-Verwalter

WEG-Verwalter benötigen, wie bereits erwähnt, in Deutschland keine spezielle Ausbildung oder berufsqualifizierenden Nachweise. Vielfach haben Verwalter entweder einen kaufmännischen, einen technischen oder einen juristischen beruflichen Hintergrund. Nur äußerst selten vereinen Sie alle drei Bereiche. In der Regel werden Sie es mit Kaufleuten der Immobilienwirtschaft zu tun haben, eher selten mit Anwälten oder Architekten. Nun muss Ihr WEG-Verwalter aber nicht nur eine rechtlich einwandfreie Verbrauchskostenabrechnung für Heizung und Wasser erstellen können oder Rücklagen der WEG vernünftig anlegen können. Er sollte auch in der Lage sein, bestimmte handwerkliche Arbeiten fachgerecht und preisgünstig zu beauftragen und deren Ausführung fachlich zu überwachen. Neben Handwerkerverträgen müssen hier Handwerkerversicherungen ebenso überprüft werden, wie Abschlagszahlungen und Schlussrechnungen. Und schließlich müssen selbstverständlich sämtliche Gewährleistungsfristen festgehalten und laufend kontrolliert werden.

Ferner kommt es nicht selten vor, dass es zwischen einzelnen WEG-Mitglieder zu Auseinandersetzungen kommt, hier wäre eine Mediation, also der Versuch eines Ausgleichs zwischen beiden Beteiligten ohne Einschaltung der Justiz sicher sinnvoll. Dies bedingt im Hintergrund aber intensive Kenntnis der gegenwärtigen Rechtslage und ihrer Konsequenzen für die Beteiligten, was in aller Regel nur Juristen haben. Auch an einem solchen Punkt wird Ihnen ein gewöhnlicher Verwalter nicht weiter helfen können.

Sie müssen sich also darüber im Klaren sein, dass neben dem Verwalter oft auch andere Berufszweige - wie Architekten und Anwälte - eingeschaltet werden müssen, um den Verwaltungsalltag Ihrer WEG in den Griff zu bekommen. Der Verwalter alleine wird hier nicht immer ausreichen.

Sehr wichtig ist daher aber, dass Sie sich auch den Verwalter und seine Tätigkeit, soweit er bereits feststeht, vor dem Kauf einer Wohnung genau ansehen. Suchen Sie ihn auf alle Fälle vor Ort in seinem Büro auf, sehen Sie sich dort um, sieht es dort ordentlich aus oder eher unordentlich aus, ist eine gute Aktenarchivierung zu erkennen usw. Fragen Sie den WEG-Verwalter nach seiner beruflichen Ausbildung und wie er zu seiner Tätigkeit als WEG-Verwalter kam.

Bei der Überprüfung des WEG-Verwalters kann Ihnen, je nach Rechtsform seines Unternehmens, immer auch ein Blick in das Amtsgerichtsregister weiterhelfen oder aber eine Anfrage bei einer Wirtschaftsauskunftei. Näheres hierzu erfahren Sie im Kapitel 3.2.2 des vorliegenden Buches. Sehr wichtig ist auch zu wissen, wie lange der Verwalter schon als solcher tätig ist. Vergessen Sie nicht, dass Ihr WEG-Verwalter u.a. treuhänderisch die Instandhaltungsrücklagen der WEGemeinschaft verwaltet. Kommt er hiermit nicht zurecht, können daraus für die WEG-Mitglieder erhebliche finanzielle Konsequenzen resultieren.

Der aktuelle WEG-Wirtschaftsplan

Vor dem Kauf einer Eigentumswohnung sollten Sie auch Einsicht in den aktuellen WEG-Wirtschaftsplan nehmen, soweit ein solcher bereits vorliegt und beschlossen wurde. Hier können Sie beispielsweise sehen, welche größeren Sanierungs- oder Renovierungsarbeiten in näherer Zukunft vorgesehen sind. Sie können ferner die laufenden Unterhaltskosten des Gebäudes über den Zeitraum eines Jahres verfolgen. Außerdem können Sie ersehen, welche Rücklagen für Instandsetzungsmaßnahmen aktuell gebildet wurden. Handwerkerrechnungen schon für kleinere Maßnahmen übersteigen schnell höhere Beträge, deswegen sollte eine ausreichend hohe Rückstellung vorhanden sein.

Ferner können Sie aus dem Wirtschaftsplan ersehen, welche Versicherungen beglichen werden und wie hoch Ihr Verwaltungsbeitrag an den WEG-Verwalter ist.

Sinnvoll ist es, sich eine Kopie des Wirtschaftsplanes aushändigen zu lassen und diesen in Ruhe zu studieren, soweit Ihnen ein WEG-Verwalter oder Verkäufer dies gewährt.

Die aktuellen WEG-Protokolle und die Beschluss-Sammlung

Genauso wichtig wie die Einsicht in den aktuellen WEG-Wirtschaftsplan ist auch die Einsicht in die aktuellen WEG-Protokolle. Auch dies können Sie natürlich nur dann vornehmen, wenn entsprechende Protokolle bereits vorliegen. Über solche Protokolle können Sie sich sehr gut ein Bild über die aktuelle Entscheidungslage der WEGemeinschaft verschaffen. Sie können hieraus auch erkennen, ob es bei den verschiedenen Tagesordnungspunkten eher einstimmige Entscheidungen oder eher knappe Mehrheitsentscheidungen gab. Dies kann Ihnen einschätzen helfen, ob Sie es mit einer eher homogenen WEGemeinschaft zu tun haben oder mit einer WEGemeinschaft, die größere Interessenkonflikte birgt.

Seit der Reform des WEGesetzes vom Juli 2007 ist die Anlage einer sogenannten Beschluss-Sammlung durch den WEG-Verwalter gesetzlich vorgeschrieben. Diese Regelung ist für potentielle Wohnungskäufer von sehr großem Vorteil, weil man so erstens davon ausgehen kann, dass bei jedem WEG-Verwalter eine entsprechende Sammlung der WEG-Beschlüsse zwingend existiert und man zweitens sehr einfach Einsicht in diese Beschluss-Sammlung der WEG nehmen kann. Wichtig für Sie bei der Durchsicht der Beschlüsse ist unter anderem, ob es eine Beschlusslage der WEG-Versammlung gibt, die größere Sanierungs- oder Renovierungsvorhaben in der nächsten Zeit vorsieht, durch die eventuell erhebliche Kosten auf Sie zukommen würden.

Sofern Sie auch Protokolle aus zurückliegenden Jahren erhalten können, sollten Sie auch diese in Ruhe durchsehen.

Die WEG-Mitglieder

Für Ihre Kaufentscheidung sind natürlich auch die WEG-Mitglieder wichtig. Insofern Sie eine Eigentumswohnung in einem sehr großen Gebäude erwerben, wird es Ihnen nicht möglich sein, alle WEG-Mitglieder vorher aufzusuchen und kennen zu lernen, zumal Sie für eine Kaufentscheidung oft gar nicht viel Zeit haben. Mindestens aber diejenigen WEG-Mitglieder, die in Zukunft direkt über Ihnen, unter Ihnen oder neben Ihnen wohnen werden, sollten Sie gegebenenfalls aufsuchen. Am besten rufen Sie vorher an, stellen sich kurz als Kaufinteressent der Nachbarwohnung vor und fragen, ob Sie vielleicht den einen oder anderen Ratschlag erhalten könnten. Lockern Sie das Gespräch auf und bringen Sie vielleicht einen Kuchen oder eine gute Flasche Wein zu einem solchen Termin mit. Bei sehr kleinen WEGemeinschaften können Sie sich überlegen, ob Sie nicht wirklich alle WEG-Mitglieder aufsuchen und ein paar Fragen zur WEGemeinschaft stellen. Sie werden auch hier schon an den Reaktionen feststellen, ob es sich eher um eine offene oder eher um eine doch sehr verschlossene WEGemeinschaft handelt.

2.13 Der Mietvertrag einer vermieteten Eigentumswohnung

Nicht immer werden Sie auf dem Markt nur unvermietete Eigentumswohnungen finden. Im Gegenteil, viele Angebote, die man Ihnen macht, werden auch vermietete Eigentumswohnungen betreffen. Grundsätzlich ist es zwar so, dass Sie nach dem Mietgesetz aus Gründen von Eigenbedarf dem Mieter kündigen können, Sie müssen hierbei jedoch mehrere Punkte berücksichtigen. Je nachdem, wie lange der Mieter bereits in dieser Wohnung lebt, kann sein Kündigungsschutz lange sein. Das neue Mietrecht sieht hier nämlich asymmetrische Kündigungsfristen von Vermieter und Mieter vor. Während der Mieter grundsätzlich nur eine dreimonatige Kündigungsfrist einhalten muss, muss der Vermieter einen Zeitraum bis hin zu einer einjährigen Kündigungsfrist einhalten. Dies ist durchaus sinnvoll für den Mieterschutz, denn ein Mieter, der schon sehr lange in einer bestimmten vermieteten Eigentumswohnung lebt, wird in der Regel eine Weile brauchen, bis er eine neue, adäquate Wohnung gefunden hat. Findet er andererseits überraschend schnell eine neue Wohnung, ist es sinnvoll, ihm eine kurze Kündigungsfrist einzuräumen.

Für Sie als Käufer einer vermieteten Eigentumswohnung heißt dies allerdings, dass Sie grundsätzlich nur dann einen Anspruch auf Kündigung haben, wenn Sie entweder selbst in die Wohnung ziehen wollen oder Ihre Kinder oder eine andere Eigennutzung vorliegt. Nur weil Ihnen der Mieter nicht passt, werden Sie ihn kaum vor die Tür setzen können. Und ferner sollten Sie sich vor Kauf einer solchen Wohnung genau über den geschlossenen Mietvertrag informieren. Lassen Sie sich hiervon in jedem Fall eine Kopie aushändigen. Auch der mit einem Mieter der von Ihnen zu erwerbenden Eigentumswohnung geschlossene Vertrag sollte Bestandteil des Kaufvertrages der Eigentumswohnung werden. Dies zwingt den Vorbesitzer der Wohnung alle Fakten wahrheitsgemäß auf den Tisch zu legen und notariell beurkunden zu lassen.

3 Gebrauchte Wohnung oder neue Wohnung?

Die Frage, ob Sie eine Eigentumswohnung in einem Altbau oder in einem Neubau erwerben wollen, muss sich Ihnen nicht von Beginn Ihrer Wohnungssuche an stellen. Es kann sein, dass Sie im Verlaufe der Suche nach einer adäquaten Wohnung auf beide Varianten treffen. Zusätzlich zu der Frage, ob Sie eine Gebrauchtwohnung oder eine Neubauwohnung erwerben, kann es auch sein, dass Ihnen noch nicht fertiggestellte, sondern erst projektierte Objekte angeboten werden, von denen bislang nur Pläne und Modelle existieren.

Aufgrund dieser Tatsache setzt sich das vorliegende Buch mit allen drei Varianten von Eigentumswohnungs-Angeboten auseinander:

- der gebrauchten Wohnung,
- der projektierten Neubauwohnung,
- der fertiggestellten Neubauwohnung.

Je nachdem, welche Variante für Sie in die engere Wahl kommt, werden Sie unterschiedliche Aspekte bei der Kaufentscheidung und -durchführung berücksichtigen müssen.

3.1 Die gebrauchte Wohnung

Die gebrauchte Eigentumswohnung besitzt im Gegensatz zur Neubauwohnung oft den Charme, dass Sie mitten in Innenstädten liegt und im Falle schöner Altbauten hohe, große Räume und viel kunsthandwerkliche Details bietet, die so heute gar nicht mehr auszuführen wären. Ihr Nachteil liegt in einer eventuell veralteten Bausubstanz, schlechtem Schall- und Wärmeschutz sowie mangelhafter technischer Ausstattung.

Immer öfter gelangen allerdings auch sanierte bzw. renovierte Altbauwohnungen auf den Markt. In einem solchen Fall kaufen Sie aber keinen Neubau, sondern Sie kaufen in diesem Fall ebenfalls eine Gebrauchtwohnung. Sie haben dann nur auf einzelne Bauteile in dem Sondereigentum, das Sie erwerben gegebenenfalls Gewährleistungen, z.B. bei neu eingebauten Badfliesen und Sanitärgegenständen etc.
Sehr häufig erlebt man bei solchen Modernisierungen allerdings einige Überraschungen. Nur in den seltensten Fällen wird beispielsweise beim nachträglichen Einbau moderner Bäder auf die Einhaltung heutiger Schallschutzbestimmungen oder DIN-Normen geachtet. Dies hat zur Folge, dass – obwohl eine Umnutzung des Wohnraums erfolgt ist und

Hauptsächliche Baustoff- und Konstruktionsprobleme
Kellerfundamente und Wände ohne ausreichende Abdichtung
(Vor allem Keller-)Wände aus Bruchstein
Verrostete Stahlträger in Decken oder Gewölbekellern
Teilweise bereits gealterte und korrodierte Sanitärinstallationen
Undichte Gasleitungen
Veraltete, teilweise dezentral (raumweise) ausgelegte Heizungssysteme mit veraltetem und für moderne Feuerungsanlagen falsch dimensioniertem Rauchabzugssystem
Gealterte Elektroinstallation
Veraltete Geschossdeckenausbildung in Holz (mitunter von Feuchte und Fäulnis befallen)
Veraltete Geschossdeckenausbildung in Ziegel-Betonstein
Ungedämmte Dachstühle
Flachdächer mit vielfach fehlerhafter Ausführung
Fehlender oder unvollständiger Schallschutz (an Türen, Treppen, Zwischendecken, Innenwänden etc.)
Fehlender oder unvollständige Wärmeschutz
Teilweise fehlender Brandschutz (z. B. durch nicht vorhandene Brandschutztüren oder fehlende Anfahrmöglichkeiten für die Feuerwehren)
Teilweise Einsatz von ölhaltigen Anstrichen, vornehmlich in Bädern und Küchen
Teilweise Einsatz teerhaltiger Baustoffe (z. B. als Parkettkleber)
Teilweise Einsatz von Asbest (z. B. bei Asbestzementplatten im Trockenbau)
Teilweise Einsatz von Mineralwolle (z. B. bei Dachdämmungen), deren Faserlängen und -dicken sehr kurz und damit lungengängig sind.
Teilweise Einsatz von formaldehydhaltigen Holzbauteilen
Teilweise Einsatz von gesundheitsgefährdenden Holzschutzmitteln (z. B. zur Behandlung von Holzverkleidungen an Decken und Wänden)

Bis 1920	1920 – 1940	1950	1960 – 1970	1980 – heute
●	●	●	●	
●	●	●		
●	●			
●	●	●	●	
●	●	●		
●	●	●	●	
●	●	●		
●	●	●		
●	●	●		
●	●	●	●	●
	●	●	●	
●	●	●	●	
●	●	●	●	
●	●	●	●	
●	●	●		
●	●	●		
		●	●	
		●	●	●
		●	●	●
	●	●	●	●

nun das nachträglich eingebaute Bad einer Wohnung an das Schlafzimmer einer anderen Wohnung grenzt – keine zusätzlichen Schallschutzvorkehrungen vorgenommen wurden. Diese müssen im Falle von solchen räumlichen Umnutzungen aber durchgeführt werden. Daher ist es gerade bei modernisierten Altbauwohnungen sehr wichtig, dass Sie sich auch alle alten, das Gebäude betreffenden Unterlagen – wie z. B. Kopien alter Pläne – aushändigen lassen, die den Zustand des Gebäudes vor Modernisierung zeigen. Alle daraus ersichtlichen Änderungen zum heutigen Zustand müssen insbesondere hinsichtlich Schallschutz und Feuchteschutz (Küche, Bäder) heutigen Standards genügen. Allzu oft wird hier leider nur Oberflächenretusche betrieben. Seien Sie daher gerade an solchen Punkten wachsam.

Da das Baujahr eines Gebäudes sehr viel über seine Bausubstanz und -qualität aussagt, finden Sie nachfolgend die wichtigsten Baustoff- und Konstruktionsprobleme an Gebäuden, nach Baujahren geordnet.

3.1.1 Baujahre und ihre technischen und konstruktiven Probleme

Die auf den Seiten 48 und 49 genannten Charakteristika zu den einzelnen Baujahren sollen Ihnen helfen, das Objekt, das Sie besichtigen, richtig einzuordnen. Sie sollten bei Hausbesichtigungen immer nach dem Baujahr fragen und sich dies auch durch Vorlage z. B. der Baueingabepläne bestätigen lassen.

Da Ihnen der Makler oder Verkäufer nur ungern die Mängel des Hauses von sich aus verraten wird, ist das Erfragen von neu eingesetzten Bauteilen oder Reparaturen ein positiver Weg, um darüber auf noch vorhandene Mängel zu schließen.

3.1.2 Die Gebäude- und Wohnungsbesichtigung

Bei der Besichtigung von Eigentumswohnungen wird sehr häufig völlig übersehen, dass man nicht nur die Wohnung an sich kauft, sondern auch einen Anteil an einem Gesamtgebäude erwirbt. Sehr viele Besichtigungstermine finden ausschließlich in dem betreffenden Sondereigentum, also der eigentlichen Wohnung statt, nicht aber zusätzlich auch im gemeinschaftlichen Eigentum, also z. B. auf dem Speicherboden oder im Keller mit Haustechnik und Hausanschlussraum.

Gerade hierauf ist aber zu achten, will man vor unangenehmen Überraschungen geschützt sein. Genauso, wie man die betreffende Wohnung besichtigt, sollte man auch die Dachräume und den Keller besichtigen. Hierbei sollte man sich alle Räume zeigen lassen, vor allem auch diejenigen, die die technische Infrastruktur des Gebäudes beherbergen, wie Heizungsräume und Hausanschlussräume.

Auch von außen sollte man das gesamte Gebäude genau unter die Lupe nehmen, um sich einen Eindruck über die vorhandene Bausubstanz verschaffen zu können.

Bei der Wohnungs- und Hausbesichtigung können Sie sich an der folgenden Checkliste orientieren. Sinnvoll ist es, die Handhabung der Checkliste zunächst anhand der eigenen aktuellen Wohnung auszuprobieren, um etwas Übung und ein Gefühl für die Details zu bekommen. Falls Sie die Checklisten nicht mit zur Besichtigung nehmen wollen, sollten Sie sie aber auf alle Fälle unmittelbar nach der Besichtigung, z. B. noch vor Ort im Auto, ausfüllen.

3.1.3 Checklisten für die Gebäude- und Wohnungsbesichtigung

Foto des besichtigten Objekts

Straße und Haus-Nr.: ____________________

PLZ und Ort: ____________________

Name der Kontaktperson: ____________________

Telefon-Nr. der Kontaktperson: ____________________

Teil A: Außenbesichtigung

Allgemeines bzw.
Schäden/schadhafte Teile/Probleme

1.0 Außenwände (gemeinschaftliches Eigentum)

1.1 Aus welchem Material sind die Außenwände?
- ☐ Holz
- ☐ Stein
- ☐ Beton

1.2 Bei Holz: Holzart und Wandaufbau: ____________________

____

____

1.3 Bei Stein: Steinart und Wandaufbau: ____________________

____

____

____

- ☐ Isolierung / Wärmeschutz vorhanden
- ☐ Zweischalige Außenwand vorhanden

1.4 Bei Keller: Aus welchem Material sind die Kellerwände?
- ☐ Beton
- ☐ Stein. Und aus welcher Steinart exakt?:

1.5 Mit welchem System sind Kellerwände und Fundamentplatte gegen Feuchtigkeit abgedichtet?
- ☐ Bodensperrschicht (Bestehend aus Kiesschicht, Folie bzw. Schweißbahn, Betonboden)
- ☐ Horizontalsperrschicht (Bestehend aus z.B. einer Dachpappenbahn oberhalb der ersten Steinlage, die von dort hinunter auf die Fußbodensperrschicht geführt wird)
- ☐ Vertikale Kelleraußenwandsperrschicht auf voller Kellerwandhöhe - (Bestehend aus Zementmörtel, bitumengebundener Anstrich oder zementgebundener Dichtungsschlämme inklusive Hohlkehlenausbildung am Fundamentsockel, Dränschicht, Filtervlies, Kiesschüttung, umlaufendes Dränagerohr)
- ☐ Außensperrputz im Sockelbereich gegen Spritzwasser
- ☐ unbekannt, keine Angaben

Teil A: Außenbesichtigung Schäden/schadhafte Teile/Probleme		keine	einige	viele
1.0	**Außenwände (gemeinschaftliches Eigentum)**			
1.6	Gibt es Stellen im Sockelbereich, die feucht sind?	☐	☐	☐
1.7	Hat der Sockelbereich Risse?	☐	☐	☐
1.8	Gibt es um den Sockelbereich herum Stellen, an denen eine Dränage oder Kiesverfüllung vollkommen fehlt?	☐	☐	☐
1.9	Gibt es Stellen, an denen das Erdreich ohne Schutz direkt an die Hauswand läuft?	☐	☐	☐
1.10	Gibt es in Mauerwerk und Putz Risse?	☐	☐	☐
1.11	Gibt es Stellen, an denen die Ziegelreihen des Außenmauerwerks nicht geradlinig verlaufen?	☐	☐	☐
1.12	Gibt es Stellen, an denen der Mörtel zwischen den Ziegelreihen porös bzw. mürbe ist (Kratztest)?	☐	☐	☐
1.13	Gibt es lose bzw. hohle Stellen unter dem Putz (Klopftest)?	☐	☐	☐
1.14	Bei Wandverkleidungen aus Holzschindeln: Gibt es verwitterte oder lose Schindeln?	☐	☐	☐
1.15	Gibt es Bereiche, wo die Unterkonstruktion der Schindeln zu sehen ist?	☐	☐	☐
1.16	Gibt es in der Unterkonstruktion morsche oder verfaulte Latten?	☐	☐	☐
1.17	Gibt es an Mauerwerksstellen unterhalb von Dachüberständen, Regenrinnen, Fenstern etc. Flecken durch Feuchtigkeit?	☐	☐	☐
1.18	Gibt es bröckelige und mürbe Wandziegel?	☐	☐	☐
1.19	Befinden sich weiße Ablagerungen an alten Mauern?	☐	☐	☐
1.20	Gibt es Lüftungsziegel und Lüftungsöffnungen, die undurchlässig oder verstopft sind?	☐	☐	☐
1.21	Gibt es Putzschienen an den Haus- und Fensterkanten etc. die nicht eingeputzt sind bzw. hervorschauen?	☐	☐	☐
1.22	Bei Gebäuden mit außenliegender Wärmedämmung: Gibt es Stellen, wo der Vollwärmeschutz durch Undichtigkeiten hinsichtlich eindringender Feuchtigkeit gefährdet ist (offene oder gerissene Fugen etc.)?	☐	☐	☐

Teil A: Außenbesichtigung Schäden/schadhafte Teile/Probleme		keine	einige	viele
2.0	**Türen, Fenster (gemeinschaftliches Eigentum)**			
2.1	Gibt es Türen, die schief im Rahmen sitzen oder schleifen?	☐	☐	☐
2.2	Sind Türbänder zu erkennen, die rosten oder aus dem Rahmen brechen?	☐	☐	☐
2.3	Bei Holztüren: Gibt es Stellen, die einen verwitterten Eindruck machen?	☐	☐	☐
2.4	Sind Stellen mit Anzeichen von Fäulnis erkennbar?	☐	☐	☐
2.5	Bei Kunststofftüren: Gibt es Stellen, die einen stumpfen oder vergilbten Eindruck machen?	☐	☐	☐
2.6	Bei Metalltüren: Gibt es Stellen, die verbogen sind oder rosten?	☐	☐	☐
2.7	Gibt es Fenster, die keine Isolierglasscheiben haben?	☐	☐	☐
2.8	Sind Fenster zu erkennen, die schief im Rahmen sitzen?	☐	☐	☐
2.9	Sind Fensterbänder zu erkennen, die rosten oder aus dem Rahmen brechen?	☐	☐	☐
2.10	Bei Holzfenstern: Gibt es Stellen, die einen verwitterten Eindruck machen?	☐	☐	☐
2.11	Sind Stellen mit abplatzendem Lack erkennbar?	☐	☐	☐
2.12	Sind Stellen mit Anzeichen von Fäulnis erkennbar?	☐	☐	☐
2.13	Bei Kunststofffenstern: Gibt es Stellen, die einen stumpfen oder vergilbten Eindruck machen?	☐	☐	☐
2.14	Bei Metallfenstern: Gibt es Stellen, die verbogen sind oder rosten?	☐	☐	☐
2.15	Gibt es Fenstergläser mit Kratzern, Sprüngen oder Blindstellen?	☐	☐	☐
3.0	**Rollläden, Klappläden (gemeinschaftliches Eigentum)**			
3.1	Sind Rollläden erkennbar, die sich nicht vollständig öffnen und schließen lassen?	☐	☐	☐
3.2	Sind Rollläden erkennbar, die schief hängen?	☐	☐	☐
3.3	Gibt es Rollläden, die stark ausgebleicht sind?	☐	☐	☐
3.4	Gibt es Rollläden, deren Lamellen einen mürben Eindruck machen?	☐	☐	☐
3.5	Bei Holzrollläden: Gibt es Rollläden, die einen verwitterten Eindruck machen?	☐	☐	☐
3.6	Gibt es Rollläden, bei denen in größerem Umfang Farbe abgeplatzt ist?	☐	☐	☐
3.7	Gibt es verbogene oder beschädigte Rollladenlaufschienen?	☐	☐	☐

Teil A: Außenbesichtigung Schäden/schadhafte Teile/Probleme		keine	einige	viele
3.8	Gibt es Rollladenlaufschienen, die rostig sind?	☐	☐	☐
3.9	Gibt es verbogene oder rostende Rollladenlamellenklammern?	☐	☐	☐
3.10	Gibt es Rollläden, die sich nicht vollständig öffnen und schließen lassen?	☐	☐	☐
3.11	Sind Klappläden erkennbar, die schief hängen?	☐	☐	☐
3.12	Gibt es Klappläden, die stark ausgebleicht sind?	☐	☐	☐
3.13	Gibt es Klappläden, die einen verwitterten Eindruck machen?	☐	☐	☐
3.14	Gibt es Klappläden, bei denen in größerem Umfang Farbe abgeplatzt ist?	☐	☐	☐
3.15	Gibt es Klappladenbänder (Scharniere), die verbogen oder beschädigt sind?	☐	☐	☐
3.16	Gibt es Klappladenbänder, die rostig sind?	☐	☐	☐
4.0	**Außenbauteile: Terrassen, Balkone, Loggien, Treppen (gemeinschaftl. u. Sondereigentum)**			
4.1	Gibt es Stellen mit losem oder bröckeligem Mörtel?	☐	☐	☐
4.2	Gibt es Stellen mit losem oder bröckeligem Fliesen-/Steinbelag?	☐	☐	☐
4.3	Gibt es Schwachpunktstellen bei der Montage von Metall in Beton (z.B. Geländerfüße rostig etc.)?	☐	☐	☐
4.4	Ist das Geländer an bestimmten Stellen rostig?	☐	☐	☐
4.5	Gibt es Stellen mit problematischen Bodenanschlüssen an Außentüren (Undichtigkeiten, Feuchte etc.)?	☐	☐	☐
4.6	Haben die Terrassen, Balkone und Treppen defekte Wasserabflüsse (Gefälle, Tropfkanten, Abläufe etc.)?	☐	☐	☐
5.0	**Dach, Dacheindeckung, Regenrinnen, Kamine, Gauben (gemeinschaftliches Eigentum)**			
5.1	Gibt es Stellen, an denen die Dachfirstlinie stark von der Ideallinie einer Geraden abweicht?	☐	☐	☐
5.2	Sehen Sie lose Dachziegel oder Schieferplatten etc.?	☐	☐	☐
5.3	Gibt es Stellen mit unvollständiger Dachdeckung (fehlende Ziegel, beschädigte Ziegel)?	☐	☐	☐
5.4	Gibt es stark verwitterte, mürbe, gebrochene oder zersetzte Ziegel?	☐	☐	☐

Teil A: Außenbesichtigung Schäden/schadhafte Teile/Probleme		keine	einige	viele
5.5	Sind die Firstziegel gut vermörtelt (Fernglas benutzen!)?	☐	☐	☐
5.6	Gibt es korrodierte oder lose Metalldächer oder Vordächer (Rütteltest)?	☐	☐	☐
5.7	Gibt es korrodierte oder gerissene Kaminverwahrungen (Übergangsbleche von Kamin auf Dachfläche) bzw. Gaupenverblechungen?	☐	☐	☐
5.8	Hat der Schornstein Schäden (Ausblühungen, Risse, schiefer Stand)?	☐	☐	☐
5.9	Sind Dachkehlen von Verstopfungen, Korrosion oder Rissen betroffen?	☐	☐	☐
5.10	Gibt es durchhängende Regenrinnen, in denen Wasser steht?	☐	☐	☐
5.11	Gibt es Undichtigkeiten an den Regenfallrohren?	☐	☐	☐
5.12	Sind an Regenrinnen Schäden erkennbar (Defekt, rostig, nicht ausreichend befestigt)?	☐	☐	☐
5.13	Gibt es Verstopfungen der Regenrinnen (Blätter, Gegenstände)?	☐	☐	☐
6.0	**Zusatzbauten/Tiefgaragen (i.d.R. gemeinschaftliches Eigentum)**			
6.1	Gibt es Schäden an der Zufahrt (Schlaglöcher, keine ausreichende Befestigung des Fahrflächenbelags etc.)?	☐	☐	☐
6.2	Gibt es feuchte Stellen im Mauerwerk von Garagen?	☐	☐	☐
6.3	Gibt es undichte Stellen im Garagendach?	☐	☐	☐
6.4	Gibt es verwitterte oder korrodierte Türen?	☐	☐	☐
6.5	Gibt es verwitterte oder korrodierte Fenster?	☐	☐	☐
6.6	Gibt es Türen, Fenster oder Tore, die nicht abschließbar sind?	☐	☐	☐
6.7	Gibt es elektrische Bedienungen (Tor-, Türöffnungen), die nicht oder nicht gut funktionieren? (Vorführen lassen!)	☐	☐	☐
6.8	Gibt es Brandschutzeinrichtungen, die nicht funktionieren (z.B. Feuerlöscher, Sprinkleranlagen, Fluchttüren)?	☐	☐	☐
6.9	Gibt es Lüftungsanlagen, die nicht funktionieren?	☐	☐	☐
6.10	Gibt es fehlende Parkplatzmarkierungen?	☐	☐	☐
6.11	Gibt es fehlende Beleuchtung in der Garage?	☐	☐	☐
6.12	Gibt es faulige Stellen bei Holz-Car-Ports?	☐	☐	☐
7.0	**Garten (i.d.R. gemeinschaftliches Eigentum ggf. mit Sondernutzungsrechten)**			
7.1	Gibt es Pflanzen mit sichtbaren Anzeichen von Krankheiten?	☐	☐	☐

Teil A: Außenbesichtigung Schäden/schadhafte Teile/Probleme		keine	einige	viele
7.2	Gibt es Gartenwege ohne ausreichende Befestigung?	☐	☐	☐
7.3	Gibt es korrodierte, verwitterte oder kaputte Zäune und Tore?	☐	☐	☐
7.4	Gibt es defekte oder korrodierte Elemente einer Gartenbeleuchtung?	☐	☐	☐

Teil B: Innenbesichtigung I. Keller Allgemeines bzw. Schäden/schadhafte Teile/Probleme		keine	einige	viele
8.0	**Hausanschlussraum (gemeinschaftliches Eigentum)**			
(Neben den nachfolgend aufgeführten speziellen Prüfpunktenmüssen in Hausanschlussräumen zusätzlich auch die allgemeinen Prüfpunkte für Kellerräume beachtet werden – siehe Punkt 11)				
8.1	Gibt es feuchte oder undichte Stellen bei den Rohr- und Kabeldurchgängen vom öffentlichen Netz durch die Kellerwand ins Haus?	☐	☐	☐
8.2	Gibt es Rost oder Verkrustungen an Rohren (Hinweis auf undichte Stellen)?	☐	☐	☐
8.3	Gibt es Leitungen, Hähne und Ventile ohne Kennzeichnung (Reparatur, Wartung, Außerbetriebnahme, Inbetriebnahme etc.)?	☐	☐	☐
8.4	Hat der Raum Platzprobleme für Nachrüstungen (z.B. Fernwärmeanschluss etc.)	☐	☐	☐
8.5	Gibt es Stellen mit muffigem Geruch (hohe Raumluftfeuchte, Korrosionsgefahr)?	☐	☐	☐
8.6	Gibt es Risse in den Grundmauern?	☐	☐	☐
8.7	Gibt es Risse im Boden-Wandanschluss?	☐	☐	☐
9.0	**Heizungszentrale und Brennstofflager (gemeinschaftliches Eigentum)**			
(Neben den nachfolgend aufgeführten speziellen Prüfpunkten müssen in Heizungsräumen und Brennstofflagern zusätzlich auch die allgemeinen Prüfpunkte für Kellerräume beachtet werden – siehe Punkt 11.)				
9.1	Welches Heizsystem ist im betreffenden Haus installiert? ☐ Zentralheizung ☐ Raumweise Einzelfeuerungsanlagen			
9.2	Welches Betriebssystem ist im betreffenden Haus installiert? ☐ Gasbrenner mit Heizkessel ☐ Ölbrenner mit Heizkessel ☐ Heizkesselanlage für Festbrennstoffe ☐ Fernwärme mit Übergabestation ☐ Sonstiges:			
9.3	Bei Brennerheizung: Welches Baujahr hat der Brenner? Welcher Typ welches Herstellers ist eingebaut?			

Teil B: Innenbesichtigung I. Keller Allgemeines bzw. Schäden/schadhafte Teile/Probleme		keine	einige	viele
9.0	**Heizungszentrale und Brennstofflager (gemeinschaftliches Eigentum)**			
9.4	Welches Baujahr hat der Heizkessel? Welcher Typ welches Herstellers ist eingebaut?			
9.5	Bei Fernwärmeheizung: Welches Baujahr hat die Fernwärmeübergabestation? Welcher Typ welches Herstellers ist eingebaut?			
9.6	Bei Festbrennstoff-Heizkesselheizung: Welches Baujahr hat der Festbrennstoffkessel? Welcher Typ welches Herstellers ist eingebaut?			
9.7	Wann wurde die letzte Wartung durchgeführt und durch wen (Heizungsfachbetrieb)?			
9.8	Gibt es einen Wartungsvertrag? (Lassen Sie ihn sich zeigen)			
9.9	Ist die Heizung zum Zeitpunkt Ihrer Besichtigung in Betrieb?			
9.10	Macht sie ungewöhnliche Geräusche oder hat sie eher einen runden Lauf?			
9.11	Steht die Brenneranlage mit Kessel auf einem schallgedämmten Fundament?			
9.12	Bei Ölheizung: Welches Fassungsvolumen hat der Öltank?			
9.13	Ist der Öltank im Keller untergebracht oder außerhalb des Hauses (z.B. unterirdisch im Gartenbereich)?			
9.14	Gibt es korrodierte oder undichte Stellen am Tank?	☐	☐	☐
9.15	Gibt es undichte Hähne oder Ventile am Tank?	☐	☐	☐
9.16	Gibt es Funktionsstörungen der Messuhr am Tank?	☐	☐	☐
9.17	Gibt es korrodierte oder undichte Stellen an den Zuleitungen zum Brenner?	☐	☐	☐
9.18	Gibt es undichte Hähne oder Ventile an den Zuleitungen zum Brenner?	☐	☐	☐
9.19	Gibt es Stellen, die stark nach Öl riechen?	☐	☐	☐
9.20	Gibt es Funktionsstörungen des Alarmsystems bei Tanklecks?	☐	☐	☐
9.21	Gibt es Funktionsstörungen der Füllstandsanzeige des Tanks?	☐	☐	☐
9.22	Wie alt ist der Tank?			

Teil B: Innenbesichtigung I. Keller Allgemeines bzw. Schäden/schadhafte Teile/Probleme		keine	einige	viele
9.0	**Heizungszentrale und Brennstofflager (gemeinschaftliches Eigentum)**			
9.23	Gab es Reparaturen am Tank?			
9.24	Wann wurde der Tank das letzte Mal gereinigt?			
9.25	Ist die Betankungsanlage von außen einfach zugänglich aber gut sicherbar?			
9.26	Ist der Tankraum ausreichend gegen auslaufendes Öl gesichert?			
9.27	Wie alt sind die Heizungspumpen und von welchem Hersteller sind sie?			
9.28	Wie alt sind die Heizungsrohre und aus welchem Material sind sie?			
9.29	Gibt es funktionierende Sicherheitseinrichtungen, wie ein Ausdehnungsgefäß und Sicherheitsventile?			
9.30	Gibt es Risse in den Grundmauern?	☐	☐	☐
9.31	Gibt es Risse im Boden-Wandanschluss?	☐	☐	☐
9.32	Gibt es Kupferleitungen, die zusammen mit verzinkten Leitungen verbaut sind (Korrosionsgefahr)?	☐	☐	☐
9.33	Gibt es Durchlüftungsprobleme aufgrund einer zu geringen Anzahl oder zu kleiner Fenster?	☐	☐	☐
10.0	**Waschküchen (i.d.R. gemeinschaftliches Eigentum oder Teileigentum)**			
(Neben den nachfolgend aufgeführten speziellen Prüfpunkten müssen in Waschküchen zusätzlich auch die allgemeinen Prüfpunkte für Kellerräume beachtet werden – siehe Punkt 11.)				
10.1	Gibt es Stellen, die so beschaffen sind, dass sie keinen ausreichenden Wasserschutz bieten (ohne wasserfesten Farbanstrich, nicht gefliest etc.)?	☐	☐	☐
10.2	Gibt es Risse in den Grundmauern?	☐	☐	☐
10.3	Gibt es Risse im Boden-Wandanschluss?	☐	☐	☐
10.4	Gibt es tiefe Bodenbereiche ohne Bodenablauf?	☐	☐	☐
10.5	Gibt es Rost oder Verkrustungsspuren am Bodenablauf?	☐	☐	☐

Teil B: Innenbesichtigung I. Keller Allgemeines bzw. Schäden/schadhafte Teile/Probleme		keine	einige	viele
10.0	**Waschküchen (i.d.R. gemeinschaftliches Eigentum oder Teileigentum)**			
10.6	Gibt es Probleme beim Wasserabfluss (gießen Sie einen Eimer Wasser über dem Bodeneinlauf aus und beobachten Sie die Abflussgeschwindigkeit)?	☐	☐	☐
10.7	Gibt es Wasseranschlussprobleme für das Stellen einer Waschmaschine?	☐	☐	☐
10.8	Gibt es ein Platzproblem für ein erhöhtes Podest als Stellplatz für die Waschmaschine (Schutz der Maschine vor auslaufendem Wasser)?	☐	☐	☐
10.9	Gibt es ein Wasseranschlussproblem für ein Handwaschbecken?	☐	☐	☐
10.10	Soweit bereits vorhanden: Gibt es helle, metallische Geräusche beim Öffnen eines Hahnes (Hinweis auf Druckprobleme in den Leitungen)?	☐	☐	☐
10.11	Gibt es Hähne ohne ausreichenden Wasserfluss?	☐	☐	☐
10.12	Gibt es undichte Hähne?	☐	☐	☐
10.13	Gibt es Waschbecken mit schlechtem Wasserablauf?	☐	☐	☐
10.14	Gibt es Kupferleitungen, die zusammen mit verzinkten Leitungen verbaut sind (Korrosionsgefahr)?	☐	☐	☐
10.15	Gibt es Durchlüftungsprobleme aufgrund einer zu geringen Anzahl oder zu kleiner Fenster?	☐	☐	☐
11.0	**Kellerräume allgemein (i.d.R. gemeinschaftliches Eigentum oder Teileigentum)**			
11.1	Gibt es Stellen, an denen der Fußboden keinen waagerechten Verlauf hat (Wasserwaagentest)?	☐	☐	☐
11.2	Gibt es Stellen, an denen Wände und Decken keinen senkrechten bzw. waagerechten Verlauf haben?	☐	☐	☐
11.3	Gibt es an Wänden und Decke Stellen mit Rissen im Mauerwerk oder Putz (Ecken beachten)?	☐	☐	☐
11.4	Gibt es Risse in den Grundmauern?	☐	☐	☐
11.5	Gibt es Risse im Boden-Wandanschluss?	☐	☐	☐
11.6	Gibt es Stellen mit schlechter Oberflächenbeschaffenheit (Flecken, Ausblühungen)?	☐	☐	☐

Teil B: Innenbesichtigung I. Keller Allgemeines bzw. Schäden/schadhafte Teile/Probleme		keine	einige	viele
11.0	**Kellerräume allgemein (i.d.R. gemeinschaftliches Eigentum oder Teileigentum)**			
11.7	Gibt es Stellen mit losem Putz und Wandauswölbungen?	☐	☐	☐
11.8	Gibt es Stellen mit einem schlechten Zustand der Bodenbeläge (Rohboden, Estrich, Fliesen)?	☐	☐	☐
11.9	Hat die Abdeckung des Kontrollschachts Risse?	☐	☐	☐
11.10	Gibt es im Falle von Holzbalkendecken angefaulte oder morsche Balken, die vom Keller aus sichtbar sind?	☐	☐	☐
11.11	Gibt es im Falle von Stahlträgerdecken rostige oder brüchige Träger, die vom Keller aus sichtbar sind?	☐	☐	☐
11.12	Riecht es in Kellerräumen muffig (Zeichen für schadhafte Isolierung)?	☐	☐	☐
11.13	Gibt es feuchte Wände oder Fußböden?	☐	☐	☐
11.14	Gibt es Außen- bzw. Innenwände ohne eine horizontale Feuchtigkeitssperre (z.B. eingelegter Streifen Dachpappe unter oder oberhalb der ersten Steinlage des Kellermauerwerks)?	☐	☐	☐
11.15	Gibt es Räume ohne Elektroanschluss?	☐	☐	☐
11.16	Gibt es Elektroleitungen in schlechtem Zustand (brüchig, schlecht isoliert etc.)?	☐	☐	☐
11.17	Gibt es Rohrleitungen in schlechtem Zustand (Rost, Korrosion, Undichtigkeiten)?	☐	☐	☐
11.18	Gibt es Rohrleitungen ohne ausreichende Schallisolierung (Rohrschellen ohne Gummieinlage)?	☐	☐	☐
11.19	Gibt es Räume ohne ausreichende direkte Außenbelüftung?	☐	☐	☐
11.20	Gibt es Durchlüftungsprobleme aufgrund einer zu geringen Anzahl oder zu kleiner Fenster?	☐	☐	☐
11.21	Gibt es Türen, die schief im Rahmen sitzen oder schleifen?	☐	☐	☐
11.22	Sind Türbänder zu erkennen, die rosten oder aus dem Rahmen brechen?	☐	☐	☐
11.23	Bei Holztüren: Gibt es Stellen, die einen verwitterten Eindruck machen?	☐	☐	☐
11.24	Sind Stellen mit Anzeichen von Fäulnis erkennbar?	☐	☐	☐
11.25	Bei Kunststofftüren: Gibt es Stellen, die einen stumpfen oder vergilbten Eindruck machen?	☐	☐	☐

Teil B: Innenbesichtigung I. Keller Allgemeines bzw. Schäden/schadhafte Teile/Probleme		keine	einige	viele
11.0	**Kellerräume allgemein (i.d.R. gemeinschaftliches Eigentum oder Teileigentum)**			
11.26	Bei Metalltüren: Gibt es Stellen, die verbogen sind oder rosten?	☐	☐	☐
11.27	Gibt es Fenster in beheizten Räumen, die keine Isolierverglasung haben?	☐	☐	☐
11.28	Sind Fenster zu erkennen, die schief im Rahmen sitzen?	☐	☐	☐
11.29	Bei Holzfenstern: Sind Stellen mit Anzeichen von Fäulnis erkennbar?	☐	☐	☐
11.30	Gibt es Stellen, die einen verwitterten Eindruck machen?	☐	☐	☐
11.31	Sind Stellen mit abplatzendem Lack erkennbar?	☐	☐	☐
11.32	Sind Stellen mit Anzeichen von Fäulnis erkennbar?	☐	☐	☐
11.33	Sind Fensterbänder zu erkennen, die rosten oder aus dem Rahmen brechen?	☐	☐	☐
11.34	Bei Kunststofffenstern: Gibt es Stellen, die einen stumpfen oder vergilbten Eindruck machen?	☐	☐	☐
11.35	Bei Metallfenstern: Gibt es Stellen, die verbogen sind oder rosten?	☐	☐	☐
11.36	Gibt es Fenstergläser mit Kratzern, Sprüngen oder Blindstellen?	☐	☐	☐
12.0	**Wohnräume im Keller (Sondereigentum)**			
12.1	Gibt es Kellerräume, die als Wohnräume vorgeführt werden, die aber eine geringere lichte Raumhöhe als 2,30 m, bzw. 2,50 m in Berlin, haben (damit wären sie offiziell nicht als Wohnräume zugelassen)?	☐	☐	☐
12.2	Gibt es Stellen, an denen der Fußboden keinen waagerechten Verlauf hat (Wasserwaagentest)?	☐	☐	☐
12.3	Gibt es Stellen an denen Wände und Decken keinen senkrechten bzw. waagerechten Verlauf haben?	☐	☐	☐
12.4	Gibt es an Wänden und Decke Stellen mit Rissen im Mauerwerk oder Verputz (Ecken beachten)?	☐	☐	☐
12.5	Gibt es Risse in den Grundmauern?	☐	☐	☐
12.6	Gibt es Risse im Boden-Wandanschluss?	☐	☐	☐
12.7	Gibt es Stellen mit schlechter Oberflächenbeschaffenheit (Flecken, Ausblühungen)?	☐	☐	☐
12.8	Gibt es Stellen mit losem Putz und Wandauswölbungen?	☐	☐	☐

Teil B: Innenbesichtigung I. Keller Allgemeines bzw. Schäden/schadhafte Teile/Probleme		keine	einige	viele
12.0	Wohnräume im Keller (Sondereigentum)			
12.9	Gibt es Stellen mit einem schlechten Zustand der Bodenbeläge (Teppichboden, Fliesen, Linoleum, Parkett, Dielen)?	☐	☐	☐
12.10	Gibt es Böden, die nicht wärmegedämmt sind?	☐	☐	☐
12.11	Gibt es im Falle von Holzbalkendecken angefaulte oder morsche Balken, die vom Keller aus sichtbar sind?	☐	☐	☐
12.12	Gibt es im Falle von Stahlträgerdecken rostige oder brüchige Träger, die vom Keller aus sichtbar sind?	☐	☐	☐
12.13	Gibt es Kellerräume, in denen es muffig riecht (Zeichen für schadhafte Isolierung)?	☐	☐	☐
12.14	Gibt es feuchte Wände oder Fußböden?	☐	☐	☐
12.15	Gibt es Wände ohne eine horizontale Feuchtigkeitssperre (z.B. eingelegter Streifen Dachpappe unter oder oberhalb der ersten Steinlage des Kellermauerwerks)?	☐	☐	☐
12.16	Gibt es Tageslicht- oder Durchlüftungsprobleme aufgrund einer zu geringen Anzahl oder zu kleiner Fenster?	☐	☐	☐
12.17	Gibt es Türen, die schief im Rahmen sitzen oder schleifen?	☐	☐	☐
12.18	Bei Holztüren: Sind Stellen mit Anzeichen von Fäulnis erkennbar?	☐	☐	☐
12.19	Bei Kunststofftüren: Gibt es Stellen, die einen stumpfen oder vergilbten Eindruck machen?	☐	☐	☐
12.20	Bei Metalltüren: Gibt es Stellen, die verbogen sind oder rosten?	☐	☐	☐
12.21	Sind Türbänder zu erkennen, die rosten oder aus dem Rahmen brechen?	☐	☐	☐
12.22	Gibt es Fenster, die keine Isolierverglasung haben?	☐	☐	☐
12.23	Sind Fenster zu erkennen, die schief im Rahmen sitzen?	☐	☐	☐
12.24	Bei Holzfenstern: Sind Stellen mit Anzeichen von Fäulnis erkennbar?	☐	☐	☐
12.25	Gibt es Stellen, die einen verwitterten Eindruck machen?	☐	☐	☐
12.26	Sind Stellen mit abplatzendem Lack erkennbar?	☐	☐	☐
12.27	Bei Kunststofffenstern: Gibt es Stellen, die einen stumpfen oder vergilbten Eindruck machen?	☐	☐	☐
12.28	Bei Metallfenstern: Gibt es Stellen, die verbogen sind oder rosten?	☐	☐	☐

Teil B: Innenbesichtigung I. Keller Allgemeines bzw. Schäden/schadhafte Teile/Probleme		keine	einige	viele
12.0	**Wohnräume im Keller (Sondereigentum)**			
12.29	Sind Fensterbänder zu erkennen, die rosten oder aus dem Rahmen brechen?	☐	☐	☐
12.30	Gibt es Fenstergläser mit Kratzern, Sprüngen oder Blindstellen?	☐	☐	☐
12.31	Gibt es Kellerwohnräume, die keine ausreichende Beheizungsmöglichkeit haben?	☐	☐	☐
12.32	Gibt es Rohrleitungen in schlechtem Zustand (Rost, Korrosion, Undichtigkeiten)?	☐	☐	☐
12.33	Gibt es Rohrleitungen ohne ausreichende Schallisolierung (Rohrschellen mit Gummieinlage)?	☐	☐	☐
12.34	Gibt es feuchte oder nachgearbeitete Stellen im Bereich von Unterputzrohrleitungen?	☐	☐	☐
12.35	Gibt es undichte Heizkörper?	☐	☐	☐
12.36	Gibt es Heizkörper ohne Einzelthermostatregelung?	☐	☐	☐
12.37	Gibt es korrodierte bzw. rostende Heizkörper?	☐	☐	☐
12.38	Gibt es lockere oder lose Heizkörper?	☐	☐	☐
12.39	Gibt es Heizkörper von auffallend geringer Größe oder Anzahl im Vergleich zur Größe des Raumes?	☐	☐	☐
12.40	Gibt es Einzelöfen (Gas, Öl, Kohle), die zum Zeitpunkt Ihrer Besichtigung nicht in Betrieb sind? (Lassen Sie sie anstellen)	☐	☐	☐
12.41	Gibt es bei diesen Probleme mit dem Betrieb und der Regulierung?	☐	☐	☐
12.42	Gibt es bei diesen Probleme mit dem Rauchabzug? (Aktuellen Schornsteinfegerbericht zeigen lassen)	☐	☐	☐
12.43	Gibt es offene Kamine oder Kachelöfen, die zum Zeitpunkt Ihrer Besichtigung nicht in Betrieb sind? (Lassen Sie sie nach Möglichkeit in Betrieb nehmen)	☐	☐	☐
12.44	Gibt es bei diesen Probleme mit dem Betrieb und der Regulierung?	☐	☐	☐
12.45	Gibt es bei diesen Probleme mit dem Rauchabzug? (Aktuellen Schornsteinfegerbericht zeigen lassen)	☐	☐	☐
12.46	Gibt es Bereiche ohne Elektroanschluss?	☐	☐	☐

Teil B: Innenbesichtigung I. Keller Allgemeines bzw. Schäden/schadhafte Teile/Probleme		keine	einige	viele
12.0	**Wohnräume im Keller (Sondereigentum)**			
12.47	Gibt es Elektroleitungen in schlechtem Zustand (brüchig, schlecht isoliert etc.)?	☐	☐	☐
12.48	Gibt es Räume mit flackerndem Licht?	☐	☐	☐
12.49	Gibt es defekte Schalter und Steckdosen?	☐	☐	☐
II. Die Wohnung (Erdgeschoss und Obergeschosse) Schäden/schadhafte Teile/Probleme				
13.0	**Küchen (Sondereigentum)**			
(Neben den nachfolgend aufgeführten speziellen Prüfpunkten müssen in Küchen zusätzlich auch die allgemeinen Prüfpunkte für Wohnräume beachtet werden – siehe Punkt 15.)				
13.1	Gibt es beschädigte oder hohl klingende Wand- und Bodenfliesen (Klopftest)?	☐	☐	☐
13.2	Gibt es poröse oder gebrochene Fugen?	☐	☐	☐
13.3	Gibt es helle, metallische Geräusch beim Öffnen eines Hahnes (Wasserdruckprobleme)?	☐	☐	☐
13.4	Gibt es Hähne ohne ausreichenden Wasserfluss?	☐	☐	☐
13.5	Gibt es undichte Hähne?	☐	☐	☐
13.6	Gibt es Waschbecken mit schlechtem Wasserablauf?	☐	☐	☐
13.7	Gibt es Kupferleitungen, die zusammen mit verzinkten Leitungen verbaut sind (Korrosionsgefahr)?	☐	☐	☐
13.8	Gibt es problematische Rohranschlüsse (undichte Muffen etc.)?	☐	☐	☐
13.9	Gibt es Rohrleitungen in schlechtem Zustand (Rost, Korrosion, Undichtigkeiten)?	☐	☐	☐
13.10	Gibt es Rohrleitungen ohne ausreichende Schallisolierung (Rohrschellen ohne Gummieinlage)?	☐	☐	☐
13.11	Gibt es feuchte oder nachgearbeitete Stellen im Bereich von Unterputzrohrleitungen?	☐	☐	☐
13.12	Gibt es Bereiche ohne Elektroanschluss?	☐	☐	☐

Teil B: Innenbesichtigung II. Die Wohnung (Erdgeschoss und Obergeschosse) Schäden/schadhafte Teile/Probleme		keine	einige	viele
13.0	**Küchen (Sondereigentum)**			
13.13	Gibt es Warmwasserboiler oder Gasdurchlauferhitzer, die defekt oder sehr alt sind?			
13.14	Gibt es elektrische Leitungen, die nicht ausreichend gegen Spritzwasser geschützt sind?	☐	☐	☐
13.15	Gibt es Probleme mit dem Rauchabzug (aktuellen Schornsteinfegerbericht zeigen lassen)?	☐	☐	☐
13.16	Müssen Einbauelemente übernommen werden, die in schlechtem Zustand sind?	☐	☐	☐
13.17	Gibt es dabei defekte, ungewartete oder alte Elektrogeräte?	☐	☐	☐
13.18	Gibt es Möbel-Einbauelemente, die nicht aus Vollholz sind?	☐	☐	☐
13.19	Gibt es Anzeichen von Feuchtigkeit um die Spüle?	☐	☐	☐
13.20	Gibt es Anzeichen von Feuchtigkeit in den Küchenschränken?	☐	☐	☐
14.0	**Bäder (Sondereigentum)**			
(Neben den nachfolgend aufgeführten speziellen Prüfpunkten müssen in Bädern zusätzlich auch die allgemeinen Prüfpunkte für Wohnräume beachtet werden – siehe Punkt 15.)				
14.1	Gibt es beschädigte oder hohl klingende Wand- und Bodenfliesen (Klopftest)?	☐	☐	☐
14.2	Gibt es poröse oder gebrochene Fugen?	☐	☐	☐
14.3	Gibt es beschädigte Sanitärgegenstände?	☐	☐	☐
14.4	Gibt es Sanitärgegenstände, die nicht ausreichend gegen Körperschallübertragung geschützt sind?	☐	☐	☐
14.5	Gibt es ein helles, metallisches Geräusch beim Öffnen eines Hahnes (Wasserdruckprobleme)?	☐	☐	☐
14.6	Gibt es Hähne ohne ausreichenden Wasserfluss?	☐	☐	☐
14.7	Gibt es undichte Hähne?	☐	☐	☐
14.8	Gibt es Waschbecken mit schlechtem Wasserablauf?	☐	☐	☐
14.9	Gibt es Kupferleitungen, die zusammen mit verzinkten Leitungen verbaut sind (Korrosionsgefahr)?	☐	☐	☐

Teil B: Innenbesichtigung II. Die Wohnung (Erdgeschoss und Obergeschosse) Schäden/schadhafte Teile/Probleme		keine	einige	viele
14.0	**Bäder (Sondereigentum)**			
14.10	Gibt es problematische Rohranschlüsse (undichte Muffen etc.)?	☐	☐	☐
14.11	Gibt es Rohrleitungen in schlechtem Zustand (Rost, Korrosion, Undichtigkeiten)?	☐	☐	☐
14.12	Gibt es Rohrleitungen ohne ausreichende Schallisolierung (Rohrschellen ohne Gummieinlage)?	☐	☐	☐
14.13	Gibt es feuchte oder nachgearbeitete Stellen im Bereich von Unterputzrohrleitungen?	☐	☐	☐
14.14	Gibt es Bereiche ohne Elektroanschluss?	☐	☐	☐
14.15	Gibt es elektrische Leitungen, die nicht ausreichend gegen Spritzwasser geschützt sind?	☐	☐	☐
14.16	Gibt es Warmwasserboiler oder Gasdurchlauferhitzer, die defekt oder sehr alt sind?	☐	☐	☐
14.17	Gibt es Probleme mit dem Rauchabzug? (Aktuellen Schornsteinfegerbericht zeigen lassen)	☐	☐	☐
15.0	**Wohnräume (Sondereigentum)**			
15.1	Gibt es Wohnräume, die eine geringere lichte Raumhöhe als 2,30 m, bzw. 2,50 m in Berlin, haben (damit wären sie offiziell nicht als Wohnräume zugelassen)?	☐	☐	☐
15.2	Gibt es Stellen, an denen der Fußboden keinen waagerechten Verlauf hat (Wasserwaagentest)?	☐	☐	☐
15.3	Gibt es Stellen an denen Wände und Decken keinen senkrechten bzw. waagerechten Verlauf haben?	☐	☐	☐
15.5	Gibt es Risse im Boden-Wandanschluss?	☐	☐	☐
15.6	Gibt es Stellen mit schlechter Oberflächenbeschaffenheit (Flecken, Ausblühungen)?	☐	☐	☐
15.7	Gibt es Stellen mit losem Putz und Wandauswölbungen?	☐	☐	☐
15.8	Gibt es Stellen mit einem schlechten Zustand der Bodenbeläge (Teppichboden, Fliesen, Linoleum, Parkett, Dielen)?	☐	☐	☐
15.9	Gibt es Bereiche ohne ausreichenden Trittschallschutz (z.B. aufgrund fehlenden, schwimmend verlegten Estrichs)?	☐	☐	☐

Teil B: Innenbesichtigung II. Die Wohnung (Erdgeschoss und Obergeschosse) Schäden/schadhafte Teile/Probleme		keine	einige	viele
15.0	**Wohnräume (Sondereigentum)**			
15.10	Gibt es im Falle von Holzbalkendecken angefaulte oder morsche Balken, die von unten aus sichtbar sind?	☐	☐	☐
15.11	Gibt es Holzbalkendecken mit fehlendem Trittschallschutz (z.B. fehlender Trittschallschutz durch nicht eingelegte Dämmung zwischen Tragbalken und aufgelegter Bodenbohle)?	☐	☐	☐
15.12	Gibt es abgehängte Decken in schlechtem Zustand?	☐	☐	☐
15.13	Riecht es in den Wohnräumen muffig (Zeichen für Feuchtigkeit)?	☐	☐	☐
15.14	Gibt es feuchte Wände oder Fußböden?	☐	☐	☐
15.15	Bei Gebäuden ohne Keller: Gibt es Erdgeschosswände ohne eine horizontale Feuchtigkeitssperre (z.B. nicht eingelegter Streifen Dachpappe unter oder oberhalb der ersten Steinlage des Kellermauerwerks)?	☐	☐	☐
15.16	Gibt es Tageslicht- oder Durchlüftungsprobleme aufgrund einer zu geringen Anzahl oder zu kleiner Fenster?	☐	☐	☐
15.17	Gibt es Türen, die schief im Rahmen sitzen oder schleifen?	☐	☐	☐
15.18	Bei Holztüren: Sind Stellen mit Anzeichen von Fäulnis erkennbar?	☐	☐	☐
15.19	Sind Türbänder zu erkennen, die rosten oder aus der Wand brechen?	☐	☐	☐
15.20	Bei Kunststofftüren: Gibt es Stellen, die einen stumpfen oder vergilbten Eindruck machen?	☐	☐	☐
15.21	Bei Metalltüren: Gibt es Stellen, die verbogen sind oder rosten?	☐	☐	☐
15.22	Gibt es Fenster, die keine Isolierverglasung haben?	☐	☐	☐
15.23	Sind Fenster zu erkennen, die schief im Rahmen sitzen?	☐	☐	☐
15.24	Bei Holzfenstern: Sind Stellen mit Anzeichen von Fäulnis erkennbar?	☐	☐	☐
15.25	Gibt es Stellen, die einen verwitterten Eindruck machen?	☐	☐	☐
15.26	Sind Stellen mit abplatzendem Lack erkennbar?	☐	☐	☐
15.27	Bei Kunststofffenstern: Gibt es Stellen, die einen stumpfen oder vergilbten Eindruck machen?	☐	☐	☐
15.28	Bei Metallfenstern: Gibt es Stellen, die verbogen sind oder rosten?	☐	☐	☐
15.29	Sind Fensterbänder zu erkennen, die rosten oder aus dem Rahmen brechen?	☐	☐	☐

Teil B: Innenbesichtigung II. Die Wohnung (Erdgeschoss und Obergeschosse) Schäden/schadhafte Teile/Probleme		keine	einige	viele
15.0	**Wohnräume (Sondereigentum)**			
15.30	Gibt es Fenstergläser mit Kratzern, Sprüngen oder Blindstellen?	☐	☐	☐
15.31	Gibt es Wohnräume, die keine ausreichende Beheizungsmöglichkeit haben?	☐	☐	☐
15.32	Gibt es Rohrleitungen in schlechtem Zustand (Rost, Korrosion, Undichtigkeiten)	☐	☐	☐
15.33	Gibt es Rohrleitungen ohne ausreichende Schallisolierung (Rohrschellen ohne Gummieinlage)?	☐	☐	☐
15.34	Gibt es feuchte oder nachgearbeitete Stellen im Bereich von Unterputzrohrleitungen?	☐	☐	☐
15.35	Gibt es undichte Heizkörper?	☐	☐	☐
15.36	Gibt es Heizkörper ohne Einzelthermostatregelung?	☐	☐	☐
15.37	Gibt es korrodierte oder rostende Heizkörper?	☐	☐	☐
15.38	Gibt es lockere oder lose Heizkörper?	☐	☐	☐
15.39	Gibt es Heizkörper von auffallend geringer Größe oder Anzahl im Vergleich zur Größe des Raumes?	☐	☐	☐
15.40	Gibt es Einzelöfen (Gas, Öl, Kohle), die zum Zeitpunkt Ihrer Besichtigung nicht in Betrieb sind? (Lassen Sie sie sich anschalten!)	☐	☐	☐
15.41	Gibt es bei diesen Probleme mit dem Betrieb und der Regulierung?	☐	☐	☐
15.42	Gibt es bei diesen Probleme mit dem Rauchabzug? (Aktuellen Schornsteinfegerbericht zeigen lassen!)	☐	☐	☐
15.43	Gibt es offene Kamine oder Kachelöfen, die zum Zeitpunkt Ihrer Besichtigung nicht in Betrieb sind? (Lassen Sie sie nach Möglichkeit in Betrieb nehmen)	☐	☐	☐
15.44	Gibt es bei diesen Probleme mit dem Betrieb und der Regulierung?	☐	☐	☐
15.45	Gibt es bei diesen Probleme mit dem Rauchabzug? (Aktuellen Schornsteinfegerbericht zeigen lassen!)	☐	☐	☐
15.46	Gibt es Bereiche ohne Elektro-/Fernseh-/Telefonanschluss?	☐	☐	☐
15.47	Gibt es Elektroleitungen in schlechtem Zustand (brüchig, schlecht isoliert etc.)?	☐	☐	☐
15.48	Gibt es Räume mit flackerndem Licht?	☐	☐	☐

Teil B: Innenbesichtigung II. Die Wohnung (Erdgeschoss und Obergeschosse) Schäden/schadhafte Teile/Probleme		keine	einige	viele
15.0	**Wohnräume (Sondereigentum)**			
15.49	Gibt es defekte Schalter und Steckdosen?	☐	☐	☐
16.0	**Treppenhäuser (außerhalb der Wohnung liegend: gemeinschaftliches Eigentum)**			
(Neben den nachfolgend aufgeführten speziellen Prüfpunkten müssen in Treppenhäusern zusätzlich auch die allgemeinen Prüfpunkte für Wohnräume beachtet werden – siehe Punkt 15.)				
16.1	Gibt es lose oder wackelige Treppengeländer?	☐	☐	☐
16.2	Gibt es Geländer ohne ausreichenden Kleinkinderschutz (Abstand der senkrechten Stäbe größer als 12 cm)?	☐	☐	☐
16.0	**Treppenhäuser**			
16.3	Gibt es unregelmäßige Steigungsverhältnisse zwischen den einzelnen Stufen?	☐	☐	☐
16.4	Gibt es unangenehm hohe Steigungsverhältnisse der Stufen?	☐	☐	☐
16.5	Gibt es Treppen ohne Zwischenabsatz, obwohl sie extrem langläufig sind?			
16.6	Gibt es Bereiche, an denen die Treppe äußerst schmal ist?	☐	☐	☐
16.7	Gibt es Stellen ohne eine ausreichende lichte Höhe über den Treppen (mindestens 2,10 m)?	☐	☐	☐
16.8	Gibt es Treppen, an denen keine Möglichkeit zur späteren, behindertengerechten Nachrüstung besteht (z.B. treppenlaufbegleitender Lifter)?	☐	☐	☐
16.9	Gibt es Treppen ohne ausreichenden Schallschutz zur treppenlaufbegleitenden Hauswand und am oberen und unteren Auflagerpunkt der Treppe?	☐	☐	☐
16.10	Bei Holztreppen: Gibt es knarrende Treppenstufen?	☐	☐	☐
16.11	Fehlen Lichtschalter am unteren bzw. oberen Ende der Treppe?	☐	☐	☐

Teil B: Innenbesichtigung **III. Die Dachwohnung** **Schäden/schadhafte Teile/Probleme**		keine	einige	viele
17.0	**Küchen (Sondereigentum)**			
(Siehe 13.0 Küchen Erdgeschoss und Obergeschosse, zusätzlich jedoch folgende Punkte klären:)				
17.1	Sind Boden- und Wandfliesen auf Holzausbauplatten verlegt (äußerst ungünstige Verlegeart hinsichtlich Befestigungs- und Wasserschäden)?	☐	☐	☐
17.2	Gibt es undichte, schrägsitzende Dachfenster?	☐	☐	☐
18.0	**Bäder (Sondereigentum)**			
(*Siehe 14.0 Bäder Erdgeschoss und Obergeschosse, zusätzlich jedoch folgende Punkte klären:)*				
18.1	Sind Boden- und Wandfliesen auf Holzausbau-platten verlegt (äußerst ungünstige Verlegeart hinsichtlich Befestigungs- und Wasserschäden)?	☐	☐	☐
18.2	Gibt es undichte, schrägsitzende Dachfenster?	☐	☐	☐
19.0	**Wohnräume im Dachgeschoss (Sondereigentum)**			
19.1	Gibt es Dach-Wohnräume, die eine geringere lichte Raumhöhe als 2,30 m über mehr als die Hälfte der Grundfläche haben? (Damit wären sie offiziell nicht als Wohnräume zugelassen)	☐	☐	☐
19.2	Gibt es Stellen, an denen der Fußboden keinen waagerechten Verlauf hat (Wasserwaagentest)?	☐	☐	☐
19.3	Gibt es Stellen außer den Dachschrägen, an denen Decken keinen waagerechten Verlauf haben?	☐	☐	☐
19.4	Gibt es an Wänden und Decke Stellen mit Rissen im Mauerwerk oder Verputz oder in der Holzverkleidung (Ecken beachten)?	☐	☐	☐
19.5	Gibt es Risse im Boden-Kniestock-Anschluss?	☐	☐	☐
19.6	Gibt es Stellen mit schlechter Oberflächenbeschaffenheit (Flecken, Ausblühungen)?	☐	☐	☐
19.7	Gibt es Stellen mit losem Putz und Wandauswölbungen?	☐	☐	☐
19.8	Gibt es Stellen mit einem schlechten Zustand der Bodenbeläge (Teppichboden, Fliesen, Linoleum, Parkett, Dielen)?	☐	☐	☐
19.9	Gibt es Bereiche ohne ausreichenden Trittschallschutz (z.B. aufgrund fehlenden, schwimmend verlegten Estrichs)?	☐	☐	☐

Teil B: Innenbesichtigung III. Die Dachwohnung Schäden/schadhafte Teile/Probleme		keine	einige	viele
19.0	**Wohnräume im Dachgeschoss (Sondereigentum)**			
19.10	Gibt es im Falle von Holzbalkenböden angefaulte oder morsche Balken?	☐	☐	☐
19.11	Fehlt im Falle von Holzbalkenböden ein ausreichender Trittschallschutz, z.B. über eingelegte Dämmungen zwischen Tragbalken und aufgelegter Bodenbohle?	☐	☐	☐
19.12	Gibt es Wohnräume, in denen es muffig riecht (Zeichen für schadhafte Wärmedämmung)?	☐	☐	☐
19.13	Gibt es feuchte Wände oder Fußböden?	☐	☐	☐
19.14	Gibt es Stellen ohne ausreichende Dämmung an Wänden und Decke?	☐	☐	☐
19.15	Gibt es Tageslicht- oder Durchlüftungsprobleme aufgrund einer zu geringen Anzahl oder zu kleiner Fenster?	☐	☐	☐
19.16	☐ Der ausgebaute Dachboden war von Anfang an geplant.			
19.17	☐ Es gibt entsprechende Prüfunterlagen, wie z.B. die Baueingabeplanung, wo der ausgebaute Dachraum auch als Wohnfläche ausgewiesen ist? Auch die Zahl der ggf. notwendigen und vor den Behörden nachzuweisenden Stellplätze (z.B. im Falle einer Einliegerwohnung im Dach) ist ausreichend?			
19.18	☐ Der Dachboden ist nachträglich ausgebaut worden.			
19.19	☐ Der Dachboden ist in Eigenarbeit ausgebaut worden.			
19.20	☐ Der Dachboden ist von einer Fachfirma ausgebaut worden.			
19.21	Gibt es Türen, die schief im Rahmen sitzen oder schleifen?	☐	☐	☐
19.22	Bei Holztüren: Sind Stellen mit Anzeichen von Fäulnis erkennbar?	☐	☐	☐
19.23	Bei Kunststofftüren: Gibt es Stellen, die einen stumpfen oder vergilbten Eindruck machen?	☐	☐	☐
19.24	Bei Metalltüren: Gibt es Stellen, die verbogen sind oder rosten?	☐	☐	☐
19.25	Sind Türbänder zu erkennen, die rosten oder aus dem Rahmen brechen?	☐	☐	☐
19.26	Gibt es Fenster, die keine Isolierglasscheiben haben?	☐	☐	☐
19.27	Sind Fenster zu erkennen, die schief im Rahmen sitzen?	☐	☐	☐
19.28	Bei Holzfenstern: Sind Stellen mit Anzeichen von Fäulnis erkennbar?	☐	☐	☐
19.29	Gibt es Stellen, die einen verwitterten Eindruck machen?	☐	☐	☐

Teil B: Innenbesichtigung III. Die Dachwohnung Schäden/schadhafte Teile/Probleme		keine	einige	viele
19.0	**Wohnräume im Dachgeschoss (Sondereigentum)**			
19.30	Sind Stellen mit abplatzendem Lack erkennbar?	☐	☐	☐
19.31	Bei Kunststofffenstern: Gibt es Stellen, die einen stumpfen oder vergilbten Eindruck machen?	☐	☐	☐
19.32	Bei Metallfenstern: Gibt es Stellen, die verbogen sind oder rosten?	☐	☐	☐
19.33	Sind Fensterbänder zu erkennen, die rosten oder aus der Wand brechen?	☐	☐	☐
19.34	Gibt es Fenstergläser mit Kratzern, Sprüngen oder Blindstellen?	☐	☐	☐
19.35	Gibt es Feuchtigkeitsspuren um die Fenster herum?	☐	☐	☐
19.36	Gibt es Schrägdachfenster, die einen schlechten/ undichten Eindruck machen?	☐	☐	☐
19.37	Gibt es Schrägdachsüd- oder -westfenster ohne außenliegende Verschattungssysteme?	☐	☐	☐
19.38	Fehlen Schornsteinfegerausstiege unabhängig von Dach-Wohnraumfenstern?	☐	☐	☐
19.39	Gibt es Wohnräume, die keine ausreichende Beheizungsmöglichkeit haben?	☐	☐	☐
19.40	Gibt es undichte Heizkörper?	☐	☐	☐
19.41	Gibt es Rohrleitungen in schlechtem Zustand (Rost, Korrosion, Undichtigkeiten)?	☐	☐	☐
19.42	Gibt es Rohrleitungen ohne ausreichende Schallisolierung (Rohrschellen ohne Gummieinlage)?	☐	☐	☐
19.43	Gibt es feuchte oder nachgearbeitete Stellen im Bereich von Unterputzrohrleitungen?	☐	☐	☐
19.44	Gibt es Heizkörper ohne Einzelthermostatregelung?	☐	☐	☐
19.45	Gibt es korrodierte oder rostende Heizkörper?	☐	☐	☐
19.46	Gibt es lockere oder lose Heizkörper?	☐	☐	☐
19.47	Gibt es Heizkörper von auffallend geringer Größe oder Anzahl im Vergleich zur Größe des Raumes?	☐	☐	☐
19.48	Gibt es Bereiche ohne Elektroanschluss?	☐	☐	☐

Teil B: Innenbesichtigung III. Die Dachwohnung Schäden/schadhafte Teile/Probleme		keine	einige	viele
19.0	**Wohnräume im Dachgeschoss (Sondereigentum)**			
19.49	Gibt es Elektroleitungen in schlechtem Zustand (brüchig, schlecht isoliert etc.)?	☐	☐	☐
19.50	Gibt es flackerndes Licht?	☐	☐	☐
19.51	Gibt es defekte Schalter und Steckdosen?	☐	☐	☐
20.0	**Speicherboden (i.d.R. gemeinschaftliches Eigentum)**			
20.1	Gibt es Dachbalken, Sparren und Dachlatten in schlechtem Zustand (Fäulnis, brüchig etc.)?	☐	☐	☐
20.2	Hat der Dachboden feuchte Stellen?	☐	☐	☐
20.3	Hat der Dachstuhl Anzeichen auf Fäulnis oder Schädlingsbefall?	☐	☐	☐
20.4	Gibt es Feuchtigkeit an Mauerwerk, Unterseite von Dachkehlen, Schornstein und Dachfenstern?	☐	☐	☐
20.5	Fällt Licht zwischen den Dachpfannen durch?	☐	☐	☐
20.6	Fehlen Schornsteinfegerausstiege?	☐	☐	☐
20.7	Fehlen Schornsteinfegerlaufgitter auf dem Dach?	☐	☐	☐
20.8	Gibt es Schornsteinköpfe ohne ausreichende Befestigung?	☐	☐	☐
20.9	Gibt es brüchige Schornsteinfugen?	☐	☐	☐
20.10	Gibt es Bereiche, in denen der Schornstein nicht lotrecht verläuft?	☐	☐	☐
20.11	Gibt es undichte oder korrodierte Stellen an der Blechverwahrung (Blecheinfassung) des Schornsteins?	☐	☐	☐
20.12	Gibt es eine Unterspannbahn unter der Dachdeckung?	☐	☐	☐
21.0	**Flachdächer (gemeinschaftliches Eigentum)**			
(Eine Besichtigung empfiehlt sich hier kurz nach einem starken Regen)				
21.1	Hat das Flachdach Risse in der Dachpappe?	☐	☐	☐
21.2	Gibt es Stellen, an denen die Dachpappe mürbe und stark ausgebleicht scheint?	☐	☐	☐
21.3	Gibt es Bereiche mit Grünwuchs auf dem Flachdach?	☐	☐	☐
21.4	Gibt es bei kiesbedeckten Flachdächern Stellen ohne ausreichenden Kiesbelag?	☐	☐	☐

Teil B: Innenbesichtigung III. Die Dachwohnung Schäden/schadhafte Teile/Probleme		keine	einige	viele
21.0	**Flachdächer (gemeinschaftliches Eigentum)**			
21.5	Gibt es Bereiche mit Wasser auf dem Flachdach (Pfützen)?	☐	☐	☐
21.6	Gibt es Undichtigkeiten der Flachdachanschlüsse an die umlaufende Attika?	☐	☐	☐
21.7	Gibt es Stellen mit Rost oder Korrosion an der umlaufenden Attika?	☐	☐	☐
21.8	Gibt es Undichtigkeiten der Flachdachanschlüsse an den Kamin und an die Entlüftungsrohre?	☐	☐	☐

3.1.4 Die Regelungen der Energieeinsparverordnung (EnEV) für Bestandsgebäude

Auch wenn Sie bei der Gebäude- und Wohnungsbesichtigung feststellen, dass sich das Gebäude und die Wohnung, die Sie interessiert, in einem guten baulichen Zustand befindet, kann es sein, dass technische Nachrüstungen am Gebäude gesetzlich vorgeschrieben sind, welche die energetischen Eigenschaften des Gebäudes betreffen, die jedoch möglicherweise noch nicht durchgeführt wurden. Dies gilt vor allem dann, wenn das Gebäude vor dem Jahr 2002 erstellt wurde.

Der Grund für möglicherweise erforderliche bauliche Maßnahmen liegt in der Einführung der »Verordnung über energiesparenden Wärmeschutz und energiesparende Anlagentechnik bei Gebäuden (Energieeinsparverordnung – EnEV)« vom 01. Februar 2002. Die Energieeinsparverordnung löste die bis dahin gültige Wärmeschutzverordnung und die Heizanlagenverordnung ab und führte beide in einer Verordnung zusammen.

Für den Kauf einer gebrauchten Eigentumswohnung ist die EnEV deshalb von Bedeutung, weil sie unter bestimmten Voraussetzungen Nachrüstpflichten für Bestandsgebäude vorschreibt.

Nachfolgend werden daher die bautechnischen Sachverhalte am Gebäude dargelegt, die zu Nachrüstpflichten führen können. Hierbei kann man unterscheiden zwischen Nachrüstungen, die eigentlich seit Einführung der EnEV bereits vorgenommen sein müssten und solchen, die im Zweifel nach dem Kauf durchgeführt werden müssen. Wurden diese Maßnahmen noch nicht durchgeführt, kommen auf den Käufer einer solchen Eigentumswohnung zusätzliche Kosten zu, die bei der Finanzierung berücksichtigt werden müssen. Außerdem können seit der Einführung der EnEV bereits Umbaumaßnahmen am Gebäude durchgeführt worden sein, bei denen die Anforderungen der EnEV ebenfalls beachtet werden mussten.

Nachrüstungen, die sofort erfolgen müssen:

Wenn das Gebäude noch mit einer Zentralheizungsanlage versehen ist, die über keine selbsttätig wirkende Einrichtung zur Steuerung der Ein- und Ausschaltung der Wärmezufuhr in Abhängigkeit von der Außentemperatur (z.B. über einen Außentemperaturfühler) oder einer anderen Führungsgröße und der Zeit verfügt, dann ist eine umgehende Nachrüstung der Zentralheizungssteuerung erforderlich.

Wenn die Heizkörper in den Wohnungen ohne selbsttätig wirkende Regler zur raumweisen Regelung der Raumtemperatur (Thermostatregler) ausgestattet sind, dann ist ebenfalls eine umgehende Nachrüstung erforderlich.

Nachrüstungen, die darüber hinaus erfolgen müssen:
Wenn der Heizkessel des Gebäudes

- eine Leistung von mehr als 4 Kilowatt und weniger als 400 Kilowatt hat
- über keinen Niedertemperatur- oder Brennwertkessel verfügt
- mit flüssigen oder gasförmigen Brennstoffen betrieben wird
- vor dem 1. Oktober 1978 eingebaut wurde,

dann muss der Heizkessel getauscht werden. Hierbei kommt es auf das Einbaudatum des Heizkessels an, selbst wenn er z. B. aufgrund eines Brennertauschs die zulässigen Abgasverlustgrenzwerte einhält.

Wenn die zugänglichen Warmwasserleitungen und -armaturen ungedämmt sind, dann müssen diese gedämmt werden.

Wenn die obersten Geschossdecken beheizbarer Räume des Gebäudes ungedämmt sind, dann müssen diese Decken gedämmt werden. Gemeint sind hier z. B. Dachböden, die zwar über eine Luke oder Treppe zugänglich sind, aber nicht zu Wohnzwecken ausgebaut werden dürfen. Häufig dienen diese Bereiche als Abstellräume.

Baumaßnahmen, bei denen die Anforderungen der EnEV berücksichtigt werden müssen:
Wenn seit der Einführung der EnEV Maßnahmen am Gebäude durchgeführt wurden, durch die sich die energetische Qualität des Gebäudes verschlechterte, z. B. die Freilegung eines Fachwerks durch Demontage der davor befindlichen Holzverschalung mit Dämmung, dann hätten auch Ausgleichsmaßnahmen erfolgen müssen, durch welche die Dämmqualität des Gebäudes erhalten bleibt.

Wenn seit der Einführung der EnEV Modernisierungen am Gebäude durchgeführt wurden, bei denen mehr als 20 % einer Bauteilart gleicher Orientierung (dies ist nach EnEV-Definition eine Orientierung entweder von Südwest bis Südost oder von Nordwest bis Nordost) getauscht wurden, dann müssen die neuen Bauteile die EnEV-Bestimmungen für Neubauten einhalten. Beispiele für eine solche Modernisierung wären ein Fenstertausch von mehr als 20 % der Fenster mit der Ausrichtung

Südwest bis Südost oder Nordwest bis Nordost oder eine Modernisierung von mehr als 20% der Fassadenfläche mit der Ausrichtung Südwest bis Südost oder Nordwest bis Nordost.

Wenn seit der Einführung der EnEV ein Anbau oder eine Aufstockung des Gebäudes um zusammenhängend mehr als 50 Quadratmeter erfolgte, dann muss die Gebäudeerweiterung ebenfalls die EnEV-Bestimmungen für Neubauten einhalten.

Aus den Anforderungen der EnEV ergeben sich für Sie folgende Fragestellungen an den Vorbesitzer der Wohnung, die natürlich auch dem Hausverwalter gestellt werden können:

- Wurde das Gebäude durch einen Energieberater besichtigt und welche Nachrüstpflichten hat dieser festgestellt?
- Wurden alle Nachrüstungen vorgenommen, für die die EnEV keine Fristen lässt?
- Welche Nachrüstungen müssen noch vorgenommen werden?
- Gibt es für diese Nachrüstungen bereits eine finanzielle Rückstellung in der erforderlichen Höhe?
- Wurden seit der Einführung der EnEV Umbaumaßnahmen oder Modernisierungen durchgeführt?

Als Käufer ist für Sie zu bedenken, dass die Nichteinhaltung der Vorschriften als Ordnungswidrigkeit gewertet wird und mit einem Bußgeld geahndet werden kann. Aus diesem Grund sollte der Kaufvertrag auf jeden Fall eine Bestätigung des Käufers enthalten, dass keine Versäumnisse bezüglich Vorgaben aus der EnEV vorliegen (siehe Kapitel 3.1.4, Seite 81).

3.1.5 Altlasten und Schadstoffe

Bei gebrauchten Immobilien spielen Altlasten und Schadstoffe immer wieder eine große Rolle.

Grundsätzlich zu unterscheiden sind Altlasten im Außenbereich und Schadstoffe im Innenbereich eines Gebäudes.

Altlasten im Außenbereich können herrühren von einer ehemals anderen Nutzung des Geländes, auf dem das Gebäude errichtet wurde, beispielsweise als Tankstelle, als Flugplatz, als Fabrik oder auch als Kaserne. Bei innerstädtischen Altbauten ist dies eher nicht der Fall, aber schon auf Gebäude, die im Zuge von Nachverdichtungen z.B.

unmittelbar nach dem Zweiten Weltkrieg entstanden sind, kann dies zutreffen.

Eher anzutreffen sind bei Altbauten Innenraumbelastungen. Hier wiederum sind Innenraumbelastungen von Gebäuden vor 1940 eher selten anzutreffen, wohingegen diese bei Gebäuden von 1950 bis weit in die 1980er und teilweise auch bis in die 1990er Jahre sehr viel häufiger sind. Dies liegt ganz einfach daran, dass die Bauchemie erst nach dem Zweiten Weltkrieg in Deutschland wirklich Fuß gefasst hat und dadurch z.B. Ölanstriche, Asbest, Formaldehyd und andere innenraumbelastende Stoffe erst in diesem Zeitraum umfangreich produziert und auf den Markt gebracht wurden.

Bei Zweifeln kann es sich lohnen, einen Sachverständigen einzuschalten. Informationen zu Innenraumbelastungen aber auch Altlasten im Außenbereich halten teilweise die Umweltämter der Kommunen und auch die Gesundheitsämter vor. Mehr erfahren sie auch in dem Buch »Wohnen ohne Gift« der Stiftung Warentest (Juni 2002, ISBN 3-931908-68-2).

3.1.6 Denkmalschutz

Besonders bei Altbauten ist vor dem Kauf zu beachten, dass solche Häuser unter Denkmalschutz stehen können. Dies kann für Sie als Käufer der Eigentumswohnung bedeuten, dass Sie hinsichtlich even-

Abb. 8:
Erst Tankstelle mit kontaminiertem Grund und Boden...

Abb. 9:
...dann Tankstellenabriss...

Abb. 10:
...und schließlich Nutzung als Wohnungsbaugrundstück?

tueller Umbauten oder Umnutzungen keine Genehmigung seitens der bauaufsichtlichen Behörden erhalten werden, auch wenn die gesamte Wohnungseigentümergemeinschaft dieses beschlossen hat.

Es ist daher sehr sinnvoll, vor dem Kauf einer Eigentumswohnung über den WEG-Verwalter wie auch unabhängig von ihm über die Bauämter abzuklären, ob die Immobilie unter Denkmalschutz steht.

Abb. 11:
Denkmalgeschützt?

3.1.7 Die Aufschlüsselung des Kaufpreises

Bei der Eigentumswohnung setzt sich der Kaufpreis aus mehreren Faktoren zusammen. Es kann sein, dass Ihnen oft nur der pauschale Gesamtpreis der Wohnung benannt wird, um diesen allerdings vergleichen zu können, müssen Sie ihn aufschlüsseln.
So ist es möglich, dass Ihnen zwei von der Grundfläche her identische Wohnungen angeboten werden, beide im gleichen Stadtteil in fast gleicher Lage mit ähnlichem Baujahr und ähnlicher technischer Ausstattung. Um hier beim Vergleich weiter zu kommen, müssen Sie neben der reinen Wohnung, also dem Sondereigentum, auch die übrigen Ihnen zur Verfügung stehenden Gebäudeteile, also das Gemeinschaftseigentum, in die Kalkulation einbeziehen. So kann es z. B. sein, dass Sie neben der Wohnung auch einen Gartenanteil oder einen Tiefgaragenstellplatz miterwerben etc. Hierin können erhebliche Preisunterschiede stecken.

Wichtig ist auch, in den Kaufpreis die möglicherweise zu tätigenden Investitionen für anstehende Sanierungs- oder Modernisierungsarbeiten einzukalkulieren. Daher sollten Sie Einblick in den aktuellen WEG-Wirtschaftsplan nehmen oder auch in die Wirtschaftspläne der zurückliegenden zwei bis drei Jahre, um hier die von der WEGemeinschaft geplanten Investitionen der näheren Zukunft einsehen zu können. Ferner muss die Bausubstanz der verschiedenen Objekte genau verglichen werden. Ein feuchter Keller, ein undichtes Dach, veraltete Fenster sind in der Instandsetzung aufwendig und teuer. Auch der

Abb. 12:
Beim Kostenvergleich verschiedener Hausangebote müssen auch zukünftig anstehende teure Sanierungsarbeiten beachtet werden. Aufwendige Sanierungsarbeiten an Kellern und …

Abb. 13:
… Dächern sind kostenintensiv.

Einbau einer neuen Heizungsanlage und einer neuen Heizungsinstallation zieht in der Regel hohe Kosten nach sich.

In fast allen Kommunen bzw. Kreisen in Deutschland gibt es so genannte Gutachterausschüsse. Hierin vertreten sind Immobilienfachleute, die im Auftrag der Kommune bzw. des Kreises eine laufende Marktbeobachtung vornehmen. Diesen Gutachterausschüssen werden u. a. alle Immobilienverkäufe zwingend gemeldet, so dass es möglich ist, sehr exakte Daten über tatsächliche Kaufpreise zu ermitteln.

Jeder Bürger, der dies wünscht, kann in die Unterlagen dieser Gutachterausschüsse Einsicht nehmen, um sich so ein Bild der aktuellen Marktsituation in seiner Kommune zu verschaffen. In manchen Kommunen ist dies kostenfrei möglich, bei anderen wiederum sind Gebühren zu entrichten. Die Gutachterausschüsse sind häufig den Bauämtern angeschlossen. Sie können also beim Bauamt Ihrer Kommune anrufen und sich dort nach der Adresse des Gutachterausschusses erkundigen.

Über die Gutachterausschüsse erhalten Sie so recht exakte Daten, z. B. über die aktuell zu bezahlenden Quadratmeterpreise für Eigentumswohnungen in bestimmten Lagen. Das hilft Ihnen, die Ihnen angebotenen Objekte preislich sehr viel besser einzuschätzen. Sie können erkennen, ob die Ihnen angebotenen Wohnungen im Vergleich überteuert sind.

3.1.8 Zusätzliche Kosten

Neben den reinen Haus- und Grundstückskosten gibt es auch noch eine ganze Reihe zusätzlicher Kosten, die Sie in Ihrem Finanzierungsplan unbedingt berücksichtigen müssen. Auch hier kommen nochmals Beträge zusammen, die sich im fünfstelligen Bereich bewegen.

Makler:
Die Maklerprovision fällt an, falls Sie die Dienste eines Maklers beansprucht haben und er Ihnen erfolgreich eine Eigentumswohnung vermittelt hat. Sie liegt in der Regel zwischen 3 und 6 % des Kaufpreises der Wohnung zuzüglich gesetzlicher Mehrwertsteuer.

Grunderwerbsteuer:
Die Grunderwerbsteuer wird fällig, wenn Sie eine Eigentumswohnung erwerben. Sie orientiert sich am Kaufpreis und beträgt zur Zeit 3,5 %.

Notargebühren:
Diese fallen an bei allen Beurkundungen, die im Rahmen des Kaufs der Immobilie durchzuführen sind (Kaufvertrag, Auflassungsvormerkung, Grundschuldeintragung etc.). Sie orientieren sich am Kaufpreis der Immobilie. Erfragen Sie die Sätze rechtzeitig bei einem zuständigen Notariat. Werden Zahlungen über ein Notaranderkonto abgewickelt, richtet sich die Gebühr nach der Höhe dieser Summe.

Grundbuchamt:
Im Grundbuchamt müssen die notwendigen Formalien zur Eintragung des neuen Besitzers und der Löschung des alten Besitzers vorgenommen werden. Auch hierfür fallen Gebühren an. Informationen über deren exakte Höhe können Sie bei Ihrer kommunalen Verwaltung erfragen.

Schätzkosten:
Schätzungen für eine Immobilie sind die Voraussetzung für eine Finanzierung des Objekts. Die Erstellung der Schätzung erfolgt in der Regel durch die finanzierende Bank oder einen staatlich vereidigten Sachverständigen für Grund- und Gebäudewertermittlung.

Architekten- oder Fachingenieurhonorare:
Falls Sie sich doch sehr unsicher sind, ob Sie eine spezielle Immobilie kaufen wollen oder nicht und nochmals fachlichen Rat brauchen, muss auch dieser bezahlt werden.

Erschließungskosten:
Bei abseits gelegenen Gebäuden sollten Sie unbedingt darauf achten, dass Sie nicht plötzlich mit anstehenden hohen Erschließungskosten konfrontiert werden, die Ihnen beim Erwerb der Immobilie verschwiegen wurden. Dies kann passieren, wenn Sie einen Eigentumsanteil an einem Gebäude erwerben, das gerade mit einer Anbindung an die städtische Infrastruktur versehen wurde, die Rechnungen hierfür aber noch nicht gestellt und vor allem noch nicht bezahlt sind. Achten Sie daher darauf, dass die Immobilie nicht nur eine gesicherte Zufahrtsstraße hat, Gehwege, Straßenbeleuchtung, Entwässerung und Kanalisation, sondern achten Sie auch darauf, dass alle hierfür anfallenden Erschließungskosten zum Zeitpunkt Ihres Kaufes schon bezahlt sind. Nimmt Sie Ihre Kommune später hierfür in Anspruch, kann das sehr teuer werden. Auch bei einem vollständig erschlossenen Gebäude ist es sinnvoll, zuvor beim WEG-Verwalter und bei der Gemeinde nachzufragen, ob alle Erschließungsbeiträge bereits in Rechnung gestellt und bezahlt wurden.

Bankgebühren:
Es kann sein, dass Ihre Bank für die Beratung zur Finanzierung Ihres Wohneigentums und für die diesbezügliche, schriftliche Finanzierungszusage eine Gebühr erhebt. Auch diese sollte einkalkuliert werden.

3.1.9 Der Kaufvertrag einer gebrauchten Eigentumswohnung

Bei der Gestaltung des Kaufvertrags ist zwar fast alles individuell regelbar, trotzdem gibt es eine sinnvolle Gliederung. Die Inhalte eines Kaufvertrages ergeben sich u. a. aus den Bestimmungen der §§ 433ff. BGB. Diese regeln im Einzelnen, was sich Käufer und Verkäufer eines Objekts gegenseitig schulden und was sie zu erbringen haben.
Um anschaulich zu verdeutlichen, wie ein Vertrag aufgebaut sein kann und was unter keinen Umständen darin fehlen sollte, ist nachfolgend stichwortartig aufgelistet, an was unbedingt zu denken ist.

1. Wer schließt mit wem den Vertrag?
2. Was exakt wird veräußert? Exakte Beschreibung des Grundstücks hinsichtlich Lage, Größe, Flurnummer, Auszug aus dem Grundbuch etc. Genauso exakte Beschreibung des Gebäudes in Form einer Baubeschreibung inklusive Pläne (mit Baugenehmigungsplanung und Werkplänen, nach Möglichkeit im Maßstab 1:50 mit Details) als Anlage, mit Angaben zu allen Materialien, Flächen und anderen Maßen, soweit vorhanden.
3. Der Teilungsplan und die Teilungserklärung mit allen eingetragenen 1:1000er Anteilen und allen diesbezüglichen Grundbucheintragungen inklusive aller Gebrauchsregelungen und Sondernutzungsrechte.
4. Der Kaufpreis mit Angabe der Währung. Als Anlage hierzu ein Zahlungsplan, in dem im Einzelnen festgelegt ist, nach welchen Modalitäten die Zahlung im Detail abgewickelt wird (wann, in welchen Raten, über welches Notaranderkonto etc.).
5. Die Eintragung einer Auflassungsvormerkung im Grundbuch gemäß § 883 BGB.
6. Die Bezugsfertigkeit der Wohnung bzw. die Übergabe der geräumten Wohnung (z. B. wann und in welchem Zustand? Datum! Dies ist wichtig, wenn die Wohnung zur Zeit noch bewohnt oder vermietet ist).
7. Falls die Eigentumswohnung vermietet ist, alle mit den Mietern eingegangenen vertraglichen Vereinbarungen (Mietvertrag).
8. Die Besitzübergabe mit dem Übergang aller Nutzen und Lasten. (Wann ist der Übergang und welche Nutzen und Lasten gehen über?)
9. Haftung für Sachmängel (der Verkäufer haftet dafür, dass das Bauwerk entsprechend der Baubeschreibung und dem genehmigten Bauplan unter Verwendung normgerechter Baustoffe und Arbeits- und Ausführungsweisen nach den anerkannten Regeln der Technik errichtet, saniert und unterhalten wurde). Hier ist, soweit möglich, auch die Haftung für Altlasten zu fixieren.
10. Haftung für Rechtsmängel (der Verkäufer haftet dafür, dass der Vertragsgegenstand bei Umschreibung auf den Verkäufer unbelastet ist, mit Ausnahme der vom Käufer bereits selbst mit Zustimmung des Verkäufers eingetragenen Belastungen, z. B. zur Kaufpreisfinanzierung durch die Bank).
11. Erschließungskosten. Wer trägt welche Kosten, insofern hier noch etwas anfällt?

12. Rücktrittsrechte. Wer kann unter welchen Umständen vom Kaufvertrag zurücktreten?
13. Protokoll über den Zustand der Wohnung zum Zeitpunkt des Kaufs und Regelungen über den Verkauf von Inventar oder Ausbau von Einrichtungsgegenständen (z. B. Küche).
14. Regelungen für den Fall, dass der Zustand der Wohnung erheblich vom Zustand zum Zeitpunkt der Besichtigung abweicht (z. B. Schäden an Türen, Fenstern, defekte Rollläden usw.).
15. Bestimmungen für den Vollzug: Schriftlich fixierter Vollzugsauftrag an den Notar. Wer trägt hierbei welche Kosten?
16. Ausfertigungen und Abschriften (An wen gehen welche Ausfertigungen des Kaufvertrages? An Verkäufer und Käufer, an das Grundbuchamt, an die Grunderwerbssteuerstelle, an den Gutachterausschuss und an die Gläubiger).
17. Hinweise und Belehrungen durch den Notar.
18. Salvatorische Klausel.

Wird Ihnen von der Gegenseite ein Kaufvertrag vorgelegt, sollten Sie diesen in aller Ruhe und in allen Einzelheiten prüfen. Haben Sie an einzelnen Paragraphen ernste Zweifel, sollten Sie einen erfahrenen und auf diesem Gebiet spezialisierten Anwalt hinzuziehen. Der Notar, vor dem der Kaufvertrag später beurkundet wird, prüft den Inhalt des Kaufvertrages nicht auf seine Ausgewogenheit oder Ähnliches, er beurkundet ihn ausschließlich.

3.1.10 Die Wohnungsübergabe

Eine gebrauchte Eigentumswohnung kaufen Sie in der Regel »wie gesehen«. Das heißt, es ist zum einen wichtig, dass Sie sich die Immobilie wirklich genau angesehen haben, und zum anderen kann es sinnvoll sein, über den Zustand der Wohnung bei Übergabe ein Protokoll zu fertigen, damit Sie später nachweisen können, dass aufgetretene Schäden, wie z. B. erhebliche Setzungsrisse bei Übergabe der Wohnung nicht vorhanden waren. Auch bezüglich verdeckter Mängel, die erst später auftauchen, kann es sinnvoll sein, ein solches Protokoll gemacht zu haben, damit Sie dem Vorbesitzer im Falle des Falles nachweisen können, dass er Probleme der Wohnung eventuell vor Ihnen verschwiegen hat, oder zumindest diese Ihnen nicht zur Kenntnis gebracht hat.
Bei der Wohnungsübergabe sollten alle Zählerstände abgelesen und protokolliert werden. Lassen Sie sich Schlüssel von allen Türen geben

Abb. 14:
Was ist beim Kauf einer erst projektierten bzw. noch im Bau befindlichen Wohnung zu beachten?

(bei abschließbaren Fenstergriffen auch diese Schlüssel) und prüfen Sie die Funktionsfähigkeit der Schlösser. Kontrollieren Sie, ob die Schalter und Steckdosen funktionieren, ob Warm- und Kaltwasser sowie der Wasserablauf funktioniert. Bei Einbauküchen sollten Sie die Funktionsfähigkeit aller Elektrogeräte prüfen. Verfügt die Wohnung über eine Gasetagenheizung, sollte auch diese in Betrieb genommen werden und die Funktionsfähigkeit der Heizkörper geprüft werden. Wechseln Sie nach der Wohnungsübergabe den Zylinder der Wohnungseingangstür. Achten Sie auf Schäden, die zwischen Kauf und Übergabe der Wohnung entstanden sein könnten.

3.2 Die projektierte Neubauwohnung

Wenn Sie auf die Suche nach einer Eigentumswohnung gehen, werden Sie feststellen, dass Ihnen z.B. über die Tageszeitungen auch zahlreiche Immobilienangebote offeriert werden, bei denen die Immobilie selbst noch gar nicht existiert. Sie ist zunächst einmal nur projektiert. Sie finden also in der Regel Zeichnungen und eventuell ein Modell des geplanten Vorhabens vor, aber keinesfalls schon ein errichtetes Gebäude. Trotzdem werden bereits in diesem Stadium Kaufverträge über die zu errichtenden Wohnungen abgeschlossen. Vorhaben dieser Art laufen meistens unter der Regie eines so genannten Bauträgers. Bauträger sind gewerbsmäßig tätige Unternehmen, die auf eigenem Grund und Boden Immobilien erstellen und diese dann samt dem Grund und Boden in der Regel schlüsselfertig veräußern. Dies soll nachfolgend im Detail erläutert werden.

3.2.1 Bauen mit dem Bauträger

Für die Ausübung des Berufes des Bauträgers gibt es in Deutschland keinerlei geforderte Qualifikationen. Einzige Voraussetzung ist, dass keine Vorstrafen vorliegen. Hierin liegt für Sie natürlich ein erhebliches Risiko. Daher sollten Sie den Bauträger vor Vertragsabschluss genau überprüfen.

3.2.2 Überprüfung des Bauträgers

Wichtig ist vor allem, dass Sie sich darüber informieren, wie lange der Bauträger bereits am Markt tätig ist und welche Objekte er errichtet hat. Sprechen Sie auch mit Kunden, die bereits bei dem von Ihnen gewählten Bauträger gekauft haben. Sie sollten hier nachfragen, inwieweit es Probleme gab oder gibt. Sehr wichtig ist auch, sich gegenwärtig laufende Baustellen des von Ihnen favorisierten Bauträgers anzusehen und dort involvierte Kunden zu befragen. Treten Sie gegenüber Ihrem Bauträger ruhig offen, aber verbindlich auf und fragen Sie nach Objekt- und Kundenreferenzen. Verweigert er Ihnen diese, sollten Sie entweder der Sache genauer nachgehen oder den Kontakt beenden.

Wichtig ist auch, dass Sie weitere Auskünfte über den Bauträger bei den zuständigen Behörden einholen. Zunächst sollten Sie klären, um welche Rechtsform es sich bei dem von Ihnen gewählten Bauträger handelt, ob es also z. B. eine einfache GbR oder eine OHG oder eine GmbH etc. Je nach Rechtsform bestehen Verpflichtungen der Offenlegung von Geschäftsberichten sowie der Eintragung in Handelsregister der zuständigen Amtsgerichte. In solche Unterlagen sollten Sie Einblick nehmen und sich Klarheit darüber verschaffen, welche Kapitalmittel die Gesellschaft hält, wer ihre Geschäftsführer sind (fachliche Qualifikationen), wie lange die Gesellschaft bereits eingetragen ist usw. Der Einblick in diese Register ist in der Regel kostenfrei. Gegen geringe Gebühr können Sie sich seitens der Amtsgerichte auch Auszüge aus dem Handelsregister in Kopie zukommen lassen. Darüber hinaus kann es sinnvoll sein, bei so genannten Wirtschaftsauskunfteien Informationen über die wirtschaftliche Situation und etwaigen Auffälligkeiten eines Bauträger-Unternehmens einzuholen. Wirtschaftsauskunfteien finden Sie unter diesem Stichwort im Telefon-Branchenverzeichnis »Gelbe Seiten« Ihrer Region. Bürgel und Creditreform sind z. B. zwei solche großen Auskunfteien. Diese Auskunfteien recherchieren unabhängig die wirtschaftliche Situation und eventuelle Auffälligkeiten von Unternehmen. Beachten Sie aber, dass für entsprechende Wirtschaftsauskünfte Gebühren erhoben werden, in der Regel zwischen 150 und 250 Euro. Lassen Sie sich daher zunächst ein schriftliches Angebot vorlegen. Auch andere Organisationen, wie z.B. der Bauherrenschutzbund (www.bsb-ev.de), können Ihnen hier weiter helfen.

So zu handeln ist auch deshalb so wichtig, weil kaum eine andere Branche höhere Insolvenzzahlen aufweist als die Bauträgerbranche. Die Bandbreite der Qualität bei den auf dem Markt vertretenen Unternehmen ist enorm. Sie reicht von langjährig existierenden Gesellschaften mit seriöser Geschäftspolitik und teilweise regionaler Verbundenheit sowie mitunter sogar sozialem Anspruch, wie z.B. der Schaffung von preisgünstigem Wohnraum für kinderreiche Familien (hier wären z.B. kommunale Wohnbaugesellschaften oder Baugenossenschaften zu nennen) bis hin zu dubiosen Bauunternehmungen, die einzig auf eine möglichst hohe Gewinnmitnahme abzielen.

3.2.3 Die Makler- und Bauträgerverordnung (MaBV)

Das Bauen mit dem Bauträger ist in Deutschland an klare Regelungen gebunden, an die so genannte Makler- und Bauträgerverordnung, kurz MaBV. In dieser Rechtsverordnung, die 1975 bekannt gemacht wurde, werden die Pflichten von Gewerbetreibenden, die nach § 34 c GewO der behördlichen Genehmigung bedürfen, geregelt. Hier sind zahlreiche Regelungen festgelegt, nach welchen die Veräußerung einer erst noch zu errichtenden Immobilie zu erfolgen hat. So ist hierin u.a. festgelegt, in welchen Raten die Bezahlung zu erfolgen hat und was seitens des Bauträgers für die Fälligkeit der Raten erbracht sein muss. Die MaBV gliedert sich in insgesamt 22 Paragraphen, von denen für Sie vor allem der § 3 Abs. 1 »Besondere Sicherungspflichten des Bauträgers« sehr wichtig ist.

§ 3: Besondere Sicherungspflichten für Bauträger

Die wichtigste Bestimmung im Sinne des Verbraucherschutzes ist sicherlich der § 3 Abs. 1 und 2, in dem folgende Punkte festgelegt werden:

Absatz 1 sagt aus, dass der Gewerbetreibende nur unter bestimmten Voraussetzungen Vermögenswerte entgegennehmen oder sich zu deren Verwendung ermächtigen lassen kann.

1. Es müssen ein rechtswirksamer Vertrag zwischen Gewerbetreibenden und Auftraggeber bestehen (der endgültige Kaufvertrag) sowie alle erforderlichen Genehmigungen vorliegen. Dies muss durch eine schriftliche Mitteilung des Notars bestätigt sein. Der Gewerbetreibende darf keine vertraglichen Rücktrittsrechte mehr haben, abgesehen von den gesetzlichen Rücktrittsrechten.

2. Durch eine Auflassungsvormerkung im Grundbuch zugunsten des Auftraggebers muss ein Schutz von Grundstück und Gebäude vor dem Zugriff Dritter bestehen.
3. Das Vertragsobjekt muss von vorrangigen Grundpfandrechten freigestellt sein.
4. Die Baugenehmigung muss erteilt sein oder eine Bestätigung der Behörden, dass mit dem Bau begonnen werden kann.

Absatz 2 regelt die Ratenzahlungen gemäß Baufortschritt vom Auftraggeber an den Bauträger, wenn die Voraussetzungen nach Abs. 1 erfüllt sind.
Basis für die Berechnung der Raten ist der im Notarvertrag ausgewiesene Kaufpreis. Zum Schutz des Käufers sollte es sich unbedingt um einen Festpreis handeln, der sämtliche Leistungen des Bauträgers umfasst und Nachforderungen ausschließt.

Der Gesamtbetrag darf hierzu in bis zu sieben Teilbeträge aufgeteilt werden. Die sieben Teilbeträge können aus den nachfolgenden Anteilen frei zusammengesetzt werden:

- nach Beginn der Erdarbeiten, wenn ein Grundstück mit übertragen werden soll — 30%
  oder
- nach Beginn der Erdarbeiten, wenn ein Erbbaurecht bestellt oder mit übertragen werden soll — 20%

Die restliche Summe wird dann nochmals als 100% angesetzt und teilt sich in folgende Anteile auf:

– nach Rohbaufertigstellung einschl. Zimmererarbeiten	40%
– nach Herstellung der Dachflächen und Dachrinnen	8%
– nach Rohinstallation der Heizungsanlage	3%
– nach Rohinstallation der Sanitäranlage	3%
– nach Rohinstallation der Elektroanlage	3%
– nach Fenstereinbau einschl. Verglasung	10%
– nach Innenputz außer Beiputzarbeiten	6%
– nach Estrichverlegung	3%
– nach Fliesenarbeiten im Sanitärbereich	4%
– nach Bezugsfertigkeit gegen Besitzübergabe	12%

- nach Fertigstellung der Fassadenarbeiten 3 %
- nach vollständiger Fertigstellung 5 %

Das Problem bei diesem Vorgehen ist, dass zunächst eine Gesamtsumme und dann nochmals eine Teilsumme jeweils als 100 % angesetzt werden. Das verkompliziert die Ratenaufstellung unnötig. Daher gehen zwischenzeitlich viele Bauträger dazu über, die Gesamtsumme als 100 % anzusetzen und daraus konsequent alle Folgeraten zu ermitteln. Wird dies gemacht, ergeben sich folgende Raten:

Gesamtpreis 100 %, davon	
- nach Beginn der Erdarbeiten	30,0 %
- nach Rohbaufertigstellung einschl. Zimmererarbeiten	28,0 %
- nach Herstellung der Dachflächen und Dachrinnen	5,6 %
- nach Rohinstallation der Heizungsanlage	2,1 %
- nach Rohinstallation der Sanitäranlage	2,1 %
- nach Rohinstallation der Elektroanlage	2,1 %
- nach Fenstereinbau einschl. Verglasung	7,0 %
- nach Innenputz außer Beiputzarbeiten	4,2 %
- nach Estrichverlegung	2,1 %
- nach Fliesenarbeiten im Sanitärbereich	2,8 %
- nach Bezugsfertigkeit gegen Besitzübergabe	8,4 %
- nach Fertigstellung der Fassadenarbeiten	2,1 %
- nach vollständiger Fertigstellung	3,5 %
Gesamt	100 %

Die oben genannten Einzelraten benennen nicht alle am Bau anfallenden Leistungen, sondern sie orientieren sich an der Fertigstellung einzelner Gewerke (z. B. nach Fliesenarbeiten im Sanitärbereich 2,8 %). Nicht erwähnt sind beispielsweise Rollladenarbeiten, Schlosserarbeiten oder der Einbau von Innentüren. Im Vertrag sollte deshalb zusätzlich geregelt werden, welche Leistungen innerhalb der einzelnen Raten exakt erbracht werden müssen, damit ein Zahlungsanspruch für die jeweilige Rate entsteht.

Fallen einzelne Leistungen aus den oben benannten Raten nicht an, wird der jeweilige prozentuale Anteil der entfallenen Rate auf die übrigen Raten verteilt. Die genannten Prozentangaben zu den einzelnen Leistungen dürfen nicht weiter aufgeteilt werden.

Während die erste Rate nach Beginn der Erdarbeiten fällig wird, gilt für die restlichen Bauraten die Fälligkeit erst nach vollständigem Abschluss des jeweiligen Abschnitts.

Beispiel für die Aufteilung der Raten:

1. Rate:	nach Beginn der Erdarbeiten
2. Rate:	nach Rohbaufertigstellung einschl. Zimmererarbeiten
3. Rate:	nach Rohinstallation der Elektroanlage
4. Rate:	nach Innenputz außer Beiputzarbeiten
5. Rate:	nach Fliesenarbeiten im Sanitärbereich
6. Rate:	nach Bezugsfertigkeit gegen Besitzübergabe
7. Rate:	nach vollständiger Fertigstellung

3.2.4 Was bedeutet »Schlüsselfertig« und »Bezugsfertig«?

Man könnte meinen, die Worte »Schlüsselfertig« und »Bezugsfertig« seien Standardbegriffe, die genau definieren, welchen Leistungsabschluss man erhält. Dieses ist jedoch keineswegs der Fall. Es gibt keine rechtsverbindlichen Definitionen der Begriffe »Schlüsselfertig« oder »Bezugsfertig«. Für Sie als Immobilienkäufer heißt dies, dass Sie sich mit dem Bauträger im Vorfeld schriftlich einigen müssen, welche inhaltliche Definition diesen Begriffen für Ihr Bauvorhaben zukommt, d.h. welche Leistungen Sie konkret erhalten. »Bezugsfertig« kann z.B. heißen, dass Sie einziehen müssen, obwohl z.B. weder Zugangswege noch Fassadenbekleidungen erbracht sind.

3.2.5 Die Aufschlüsselung des Kaufpreises

Der Kaufpreis eines Bauträgerobjektes setzt sich im Wesentlichen aus folgenden Komponenten zusammen:

- Anteile am Gemeinschaftseigentum (insbesondere Grundstück)
- Baukosten
- Baunebenkosten
- Gewinnmitnahme des Bauträgers

Wichtig ist für Sie, Vergleiche zu anderen Objekten in der Nähe ziehen zu können. Daher ist es ratsam, den Kaufpreis der angebotenen Eigentumswohnung aufzuschlüsseln. Hierzu benötigen Sie vor allem folgende Angaben:

- Wie ist die Lage der Eigentumswohnung?
- Wie groß ist die Wohnfläche der Eigentumswohnung gemäß Wohnflächenverordnung (WoFlV, siehe Seite 173)?
- Welche technische Ausstattung (z. B. Heizungsart), materielle Ausstattung (z. B. Parkettboden) und konstruktive Ausstattung (z. B. mehrere Balkone oder Galerie mit Wendeltreppe) hat die Wohnung?
- Wie groß ist das Grundstück, auf dem das Gebäude steht?
- Wie viele Eigentumsparteien werden in das Haus einziehen?
- Gibt es kostenintensive gemeinschaftliche Sonderausstattungen wie Aufzug, Tiefgarage oder Swimmingpool?

Mit diesen Rahmendaten können Sie Vergleiche zu anderen Objekten in der Umgebung ziehen.
Ähnlich wie im Falle der Gebrauchtwohnung können Sie auch bei der projektierten Neubauwohnung so vorgehen, dass Sie Vergleichsdaten zu Verkaufspreisen der letzten Jahre über Gutachterausschüsse einholen. Sie können dann die Quadratmeterverkaufspreise von Eigentumswohnungen in der näheren Umgebung mit dem Preis der von Ihnen bevorzugten Wohnung vergleichen. Zusätzlich müssen Sie aber auch alle weiteren oben genannten Punkte berücksichtigen, z. B. das Vorhandensein oder Nichtvorhandensein eines Tiefgaragenstellplatzes etc.

Im Falle der projektierten Neubauwohnung können Sie sehr gut auch verschiedene, aktuelle Angebote auf dem Markt vergleichen, wenn Sie sich im Wesentlichen an den oben aufgeführten Vergleichskriterien orientieren. Beginnen können Sie hier mit dem Blick in den Immobilienteil Ihrer Tageszeitung und dem unverbindlichen Anfordern von Exposés der projektierten Vorhaben mit Preisangaben.

3.2.6 Der Kaufvertrag gemäß MaBV

Wird eine vom Bauträger projektierte Neubauwohnung gekauft, handelt es sich hierbei nicht um einen Kaufvertrag im Sinne des BGB §§ 433ff, sondern um einen Werkliefervertrag gemäß BGB §§ 631ff. Auch ein solcher Kaufvertrag einer Eigentumswohnung, die noch nicht errichtet ist, muss in Deutschland vor dem Notar abgeschlossen, also notariell beurkundet werden. Hauptbestandteile sind:

- Der Kaufvertrag selbst mit Bezugsfertigkeit, Übergaberegelung, Gewährleistungsregelung, Belastungen des Grundstücks, Auflassungsvormerkung.
- Der Zahlungsplan inklusive Regelungen einer technischen Abnahme der erbrachten Leistungen.
- Die Bau- und Leistungsbeschreibung inklusive Wärmeschutz- und Schallschutznachweisen.
- Sonderwunsch- und Bemusterungsunterlagen.
- Möglichst die Werkplanung des zu erstellenden Gebäudes im Maßstab 1:50 inklusive Detaildarstellungen.
- Die Teilungserklärung in 1000stel Aufteilung des Gebäudes, textlich und zeichnerisch inklusive Gemeinschaftsordnung und Gebrauchsregelung sowie Sondernutzungsrechten unter Nachweis, dass diese im Grundbuch eingetragen sind.

Sie müssen sicherstellen, dass alle diese Punkte im Kaufvertrag exakt festgehalten werden, damit Sie später keine unangenehmen Überraschungen erleben.
Zwar regeln das WEGesetz und die MaBV eine ganze Reihe von Dingen. Voraussetzung für eine gute Handhabung des Kaufs einer Eigentumswohnung vom Bauträger in der Praxis ist aber ein möglichst exakter Kaufvertrag mit klar festgelegtem Zahlungsplan und dafür zu erbringender Leistung sowie einer klar festgelegten Teilungserklärung mit eindeutig zugeordneten und im Grundbuch festgelegten Rechten und Regelungen.

3.2.7 Die Teil- oder Schlussabnahme von Sondereigentum

Eine offizielle Teilabnahme einer erbrachten Bauträgerleistung empfiehlt sich nicht. Dies sollten Sie vermeiden. Wichtig ist nur, dass Sie die auf der Baustelle erbrachte Qualität im Auge behalten. Teilabnahmen mit dann für jeden Bauabschnitt unterschiedlichen Gewährleistungsfristen sind problematisch. Es ist besser, wenn Ihr Bauträger gegenüber Ihnen für das gesamte Bauwerk erst nach Schlussabnahme durch Sie eine umfassende Gewährleistung mit einheitlichem Gewährleistungszeitraum für das gesamte Gebäude erbringen muss, und dies dann auch über alle Gewerke, ungeachtet von Schnittstellen, wie z.B. zwischen Giebelmauerwerk und Dachstuhl.

Bei der Schlussabnahme sollten Sie unbedingt auf einer förmlichen Abnahme bestehen. Das heißt, Sie und Ihr Bauträger gehen durch das

Sondereigentum, also Ihre Eigentumswohnung, und Sie nehmen die erbrachten Leistungen vom Bauträger ab. Wichtig ist hierbei vor allem die exakte Protokollführung. Sie sollten dabei raumweise durch die Wohnung gehen. Es muss alles aufgelistet werden, was Ihnen als mangelhaft auffällt. Nur was Sie im Protokoll als mangelhaft beanstanden, kann von Ihnen nachher wirksam zur Nachbesserung, Minderung oder Wandlung der Werkleistung bzw. des Werkleistungsvertrages vorgebracht werden. Bei der Protokollführung müssen Sie unbedingt darauf achten, dass nur ein gültiges Protokoll erstellt wird und dass alle von Ihnen vorgebrachten Anmerkungen auch tatsächlich schriftlich aufgenommen werden, vor allem, wenn es sich um Vorbehalte handelt. Das Protokoll sollte vor Ort mit Durchschrift angefertigt und nach eingehender Durchsicht durch Sie von allen Anwesenden unterzeichnet werden. Sie können auch überlegen, zur Abnahme einen Bausachverständigen einzuschalten und mitzubringen.

Sofern es strittige Punkte gibt, klammern Sie diese aus und verweisen Sie direkt im Protokoll auf die unterschiedlichen Standpunkte, z. B. dass Sie als Käufer nicht den Standpunkt des Bauträgers teilen, sondern in diesem Fall einen klaren Vorbehalt äußern. Sie können dann auf eine noch durchzuführende Klärung des Sachverhalts verweisen und darauf, dass dieser Punkt solange als vorbehalten gilt.
Kommt es bei der Abnahme zu einer offenen Auseinandersetzung, empfiehlt es sich, den Termin abzubrechen und zu vertagen. Gegebenenfalls sollten Sie dann für einen Folgetermin einen Sachverständigen einschalten. Ein Verzeichnis von öffentlich bestellten und vereidigten Sachverständigen in Ihrer Region erhalten Sie bei Ihrer Industrie- und Handelskammer vor Ort oder im Internet unter www.svv.ihk.de.

Drängt Ihr Bauträger, weil er aus terminlichen Gründen mit der Abnahme schnell fertig werden muss, bieten Sie ihm in aller Ruhe an, den Termin zu unterbrechen und zu einem anderen Datum neu aufzunehmen.

Wenn Sie im Kaufvertrag auch die Möglichkeit der technischen Begehung der einzelnen Bauabschnitte vor Überweisung von Geldbeträgen vereinbart haben, dann benötigen Sie fachliche Unterstützung zur Besichtigung der erbrachten Leistung. Für die offizielle Schlussabnahme können Sie die nachfolgenden Checklisten nutzen.

Abnahme von Sondereigentum

Die folgende Liste hilft Ihnen, wichtige Prüfpunkte bei der Abnahme des Sondereigentums nicht zu vergessen. Es handelt sich hierbei um Prüfpunkte, bei denen häufig Mängel gefunden werden. Punkte, die Sie überprüft haben, kreuzen Sie einfach an.

	Raum: z.B. Flur	Raum:	Raum:	Raum:	Raum:	Raum:	Raum:	Raum:
01 Wohnungseingangstüre								
Musterübereinstimmung Baubeschreibung	☐	☐	☐	☐	☐	☐	☐	☐
Schwenkradius und Öffnungsrichtung	☐	☐	☐	☐	☐	☐	☐	☐
Türhöhe/Türbreite	☐	☐	☐	☐	☐	☐	☐	☐
Schließmechanismus/Schlüssel	☐	☐	☐	☐	☐	☐	☐	☐
Beschläge und Wetterschenkel	☐	☐	☐	☐	☐	☐	☐	☐
dichtes Schließen/Türfalzdichtungen	☐	☐	☐	☐	☐	☐	☐	☐
Türblattoberfläche	☐	☐	☐	☐	☐	☐	☐	☐
Zargenoberfläche/ Zargen-Wand-Anschluss	☐	☐	☐	☐	☐	☐	☐	☐
lotrechter Einbau	☐	☐	☐	☐	☐	☐	☐	☐
02 Innentüren								
Musterübereinstimmung Baubeschreibung	☐	☐	☐	☐	☐	☐	☐	☐
Schwenkradius und Öffnungsrichtung	☐	☐	☐	☐	☐	☐	☐	☐
Türhöhe/Türbreite	☐	☐	☐	☐	☐	☐	☐	☐
Schließmechanismus/Schlüssel	☐	☐	☐	☐	☐	☐	☐	☐
Beschläge	☐	☐	☐	☐	☐	☐	☐	☐
dichtes Schließen/Türfalzdichtungen	☐	☐	☐	☐	☐	☐	☐	☐
Türblattoberfläche	☐	☐	☐	☐	☐	☐	☐	☐
Zargenoberfläche/ Zargen-Wand-Anschluss	☐	☐	☐	☐	☐	☐	☐	☐
Türbänder/Befestigung	☐	☐	☐	☐	☐	☐	☐	☐
lotrechter Einbau								
03 Fenster + Fenstertüren								
Musterübereinstimmung Baubeschreibung	☐	☐	☐	☐	☐	☐	☐	☐
Befestigung	☐	☐	☐	☐	☐	☐	☐	☐
Wandanschluss innen und außen	☐	☐	☐	☐	☐	☐	☐	☐

Abnahme von Sondereigentum

Die folgende Liste hilft Ihnen, wichtige Prüfpunkte bei der Abnahme des Sondereigentums nicht zu vergessen. Es handelt sich hierbei um Prüfpunkte, bei denen häufig Mängel gefunden werden. Punkte, die Sie überprüft haben, kreuzen Sie einfach an.

		Raum: z.B. Flur	Raum:	Raum:	Raum:	Raum:	Raum:	Raum:	Raum:
03	**Fenster + Fenstertüren**								
	Anschluss Rollladenschienen/-kasten	☐	☐	☐	☐	☐	☐	☐	☐
	Holzfenster: Anstrich/Haftung/Farbton	☐	☐	☐	☐	☐	☐	☐	☐
	Schwenkradius und Öffnungsrichtung	☐	☐	☐	☐	☐	☐	☐	☐
	lichte Höhe/lichte Breite	☐	☐	☐	☐	☐	☐	☐	☐
	Schließmechanismus/Beschläge	☐	☐	☐	☐	☐	☐	☐	☐
	Wetterschenkel	☐	☐	☐	☐	☐	☐	☐	☐
	dichtes Schließen/Falzdichtungen	☐	☐	☐	☐	☐	☐	☐	☐
	Glasoberfläche	☐	☐	☐	☐	☐	☐	☐	☐
	Bänder/Befestigung	☐	☐	☐	☐	☐	☐	☐	☐
	lotrechter Einbau	☐	☐	☐	☐	☐	☐	☐	☐
04	**Fensterbänke**								
	Musterübereinstimmung Baubeschreibung	☐	☐	☐	☐	☐	☐	☐	☐
	Oberfläche (Kratzer/Risse/Sprünge)	☐	☐	☐	☐	☐	☐	☐	☐
	waagerechter Einbau	☐	☐	☐	☐	☐	☐	☐	☐
	Wandanschluss	☐	☐	☐	☐	☐	☐	☐	☐
05	**Rollläden** (auch von außen prüfen, soweit möglich)								
	Musterübereinstimmung Baubeschreibung	☐	☐	☐	☐	☐	☐	☐	☐
	Gangbarkeit	☐	☐	☐	☐	☐	☐	☐	☐
	Rollladenband lotrecht	☐	☐	☐	☐	☐	☐	☐	☐
	Verschmutzung	☐	☐	☐	☐	☐	☐	☐	☐
	Verdunkelung	☐	☐	☐	☐	☐	☐	☐	☐
	Rollladenführung in den Schienen	☐	☐	☐	☐	☐	☐	☐	☐
	Befestigung Rollladen	☐	☐	☐	☐	☐	☐	☐	☐

Abnahme von Sondereigentum

Die folgende Liste hilft Ihnen, wichtige Prüfpunkte bei der Abnahme des Sondereigentums nicht zu vergessen. Es handelt sich hierbei um Prüfpunkte, bei denen häufig Mängel gefunden werden. Punkte, die Sie überprüft haben, kreuzen Sie einfach an.

	Raum: z.B. Flur	Raum:	Raum:	Raum:	Raum:	Raum:	Raum:	Raum:
06 Wandflächen								
Tapeten								
Musterübereinstimmung Baubeschreibung	☐	☐	☐	☐	☐	☐	☐	☐
Ebenheit	☐	☐	☐	☐	☐	☐	☐	☐
Anstrich	☐	☐	☐	☐	☐	☐	☐	☐
Nähte bei Tapeten/Anschlüsse/Stöße	☐	☐	☐	☐	☐	☐	☐	☐
Putz								
Musterübereinstimmung Baubeschreibung	☐	☐	☐	☐	☐	☐	☐	☐
Oberflächenstruktur	☐	☐	☐	☐	☐	☐	☐	☐
Gleichmäßigkeit	☐	☐	☐	☐	☐	☐	☐	☐
Ebenheit	☐	☐	☐	☐	☐	☐	☐	☐
Anstrich/Anschlüsse	☐	☐	☐	☐	☐	☐	☐	☐
Wandfliesen								
Musterübereinstimmung Baubeschreibung	☐	☐	☐	☐	☐	☐	☐	☐
Ebenheit	☐	☐	☐	☐	☐	☐	☐	☐
Fugenbreite/Fugenverlauf	☐	☐	☐	☐	☐	☐	☐	☐
Sprünge	☐	☐	☐	☐	☐	☐	☐	☐
Durchstoßpunkte Sanitärinstallation	☐	☐	☐	☐	☐	☐	☐	☐
Bordüren	☐	☐	☐	☐	☐	☐	☐	☐
Ablagen mit Gefälle zum Raum	☐	☐	☐	☐	☐	☐	☐	☐
Übergänge zu Anschlussbauteilen (Tür etc.)	☐	☐	☐	☐	☐	☐	☐	☐
Haftung am Untergrund (Klopftest)	☐	☐	☐	☐	☐	☐	☐	☐
Vorwandinstallation								
Musterübereinstimmung Baubeschreibung	☐	☐	☐	☐	☐	☐	☐	☐
Befestigung	☐	☐	☐	☐	☐	☐	☐	☐
Übergänge zu Anschlusswänden	☐	☐	☐	☐	☐	☐	☐	☐
Revisionsöffnungen	☐	☐	☐	☐	☐	☐	☐	☐

Abnahme von Sondereigentum Die folgende Liste hilft Ihnen, wichtige Prüfpunkte bei der Abnahme des Sondereigentums nicht zu vergessen. Es handelt sich hierbei um Prüfpunkte, bei denen häufig Mängel gefunden werden. Punkte, die Sie überprüft haben, kreuzen Sie einfach an.	Raum: z.B. Flur	Raum:	Raum:	Raum:	Raum:	Raum:	Raum:	Raum:
06 Wandflächen								
Sockelleisten								
waagerechter Einbau	☐	☐	☐	☐	☐	☐	☐	☐
Oberfläche	☐	☐	☐	☐	☐	☐	☐	☐
Wand-/Bodenanschluss	☐	☐	☐	☐	☐	☐	☐	☐
Stöße	☐	☐	☐	☐	☐	☐	☐	☐
07 Deckenuntersichten								
Tapeten								
Musterübereinstimmung Baubeschreibung	☐	☐	☐	☐	☐	☐	☐	☐
Ebenheit	☐	☐	☐	☐	☐	☐	☐	☐
Anstrich	☐	☐	☐	☐	☐	☐	☐	☐
Nähte bei Tapeten/Anschlüsse/Stöße	☐	☐	☐	☐	☐	☐	☐	☐
Deckenauslässe (Elektro)	☐	☐	☐	☐	☐	☐	☐	☐
Putz								
Musterübereinstimmung Baubeschreibung	☐	☐	☐	☐	☐	☐	☐	☐
Ebenheit	☐	☐	☐	☐	☐	☐	☐	☐
Oberflächenstruktur	☐	☐	☐	☐	☐	☐	☐	☐
Gleichmäßigkeit	☐	☐	☐	☐	☐	☐	☐	☐
Anstrich/Anschlüsse	☐	☐	☐	☐	☐	☐	☐	☐
Deckenauslässe (Elektro)	☐	☐	☐	☐	☐	☐	☐	☐
Holz								
Musterübereinstimmung Baubeschreibung	☐	☐	☐	☐	☐	☐	☐	☐
Verlegerichtung	☐	☐	☐	☐	☐	☐	☐	☐
Stöße	☐	☐	☐	☐	☐	☐	☐	☐
Randabschluss	☐	☐	☐	☐	☐	☐	☐	☐
Randleisten	☐	☐	☐	☐	☐	☐	☐	☐
Befestigung	☐	☐	☐	☐	☐	☐	☐	☐

Abnahme von Sondereigentum Die folgende Liste hilft Ihnen, wichtige Prüfpunkte bei der Abnahme des Sondereigentums nicht zu vergessen. Es handelt sich hierbei um Prüfpunkte, bei denen häufig Mängel gefunden werden. Punkte, die Sie überprüft haben, kreuzen Sie einfach an.	Raum: z.B. Flur	Raum:	Raum:	Raum:	Raum:	Raum:	Raum:	Raum:
07 Deckenuntersichten								
Holz								
Deckenauslässe (Elektro)	☐	☐	☐	☐	☐	☐	☐	☐
08 Bodenbeläge								
Teppich bzw. Linoleum								
Musterübereinstimmung Baubeschreibung	☐	☐	☐	☐	☐	☐	☐	☐
Ebenheit	☐	☐	☐	☐	☐	☐	☐	☐
Schadenfreiheit	☐	☐	☐	☐	☐	☐	☐	☐
Fußleisten	☐	☐	☐	☐	☐	☐	☐	☐
Bodenfliesen								
Musterübereinstimmung Baubeschreibung	☐	☐	☐	☐	☐	☐	☐	☐
Ebenheit	☐	☐	☐	☐	☐	☐	☐	☐
Fugenbreite/Fugenverlauf	☐	☐	☐	☐	☐	☐	☐	☐
Sprünge	☐	☐	☐	☐	☐	☐	☐	☐
Falls vorhanden: Bodenabläufe	☐	☐	☐	☐	☐	☐	☐	☐
Abschlussleisten/Übergänge	☐	☐	☐	☐	☐	☐	☐	☐
Parkett								
Musterübereinstimmung Baubeschreibung	☐	☐	☐	☐	☐	☐	☐	☐
Ebenheit/Schliffbild	☐	☐	☐	☐	☐	☐	☐	☐
Verlegemuster/Verlegerichtung	☐	☐	☐	☐	☐	☐	☐	☐
Riss- oder Fugenbildung	☐	☐	☐	☐	☐	☐	☐	☐
Befestigung	☐	☐	☐	☐	☐	☐	☐	☐
Randabstände zur Wand	☐	☐	☐	☐	☐	☐	☐	☐
eingelegte Korkstreifen	☐	☐	☐	☐	☐	☐	☐	☐
Abschlussleisten/Übergänge	☐	☐	☐	☐	☐	☐	☐	☐

Abnahme von Sondereigentum Die folgende Liste hilft Ihnen, wichtige Prüfpunkte bei der Abnahme des Sondereigentums nicht zu vergessen. Es handelt sich hierbei um Prüfpunkte, bei denen häufig Mängel gefunden werden. Punkte, die Sie überprüft haben, kreuzen Sie einfach an.		Raum: z.B. Flur	Raum:	Raum:	Raum:	Raum:	Raum:	Raum:	Raum:
09	**Elektroinstallation**								
	Musterübereinstimmung Baubeschreibung	☐	☐	☐	☐	☐	☐	☐	☐
	Schalter/Anzahl und Lage	☐	☐	☐	☐	☐	☐	☐	☐
	Steckdosen/Anzahl und Lage	☐	☐	☐	☐	☐	☐	☐	☐
	Schalterprogramm	☐	☐	☐	☐	☐	☐	☐	☐
	Funktionsfähigkeit	☐	☐	☐	☐	☐	☐	☐	☐
	Lichtauslässe/Anzahl und Lage	☐	☐	☐	☐	☐	☐	☐	☐
	Herdanschluss	☐	☐	☐	☐	☐	☐	☐	☐
	Zugerscheinung an Steckdosen	☐	☐	☐	☐	☐	☐	☐	☐
10	**Heizungsinstallation**								
	Musterübereinstimmung Baubeschreibung	☐	☐	☐	☐	☐	☐	☐	☐
	Heizkörper/Dichtigkeit	☐	☐	☐	☐	☐	☐	☐	☐
	Heizkörper/Oberfläche	☐	☐	☐	☐	☐	☐	☐	☐
	Funktionsfähigkeit/Dosierung/Thermostat	☐	☐	☐	☐	☐	☐	☐	☐
	Falls vorhanden: Entlüftung	☐	☐	☐	☐	☐	☐	☐	☐
	Befestigung	☐	☐	☐	☐	☐	☐	☐	☐
	Heizkörper/Lage/Anzahl/Größe	☐	☐	☐	☐	☐	☐	☐	☐
11	**Sanitärinstallation**								
	Armaturen/Musterübereinstimmung	☐	☐	☐	☐	☐	☐	☐	☐
	Objekte/Musterübereinstimmung	☐	☐	☐	☐	☐	☐	☐	☐
	Befestigung	☐	☐	☐	☐	☐	☐	☐	☐
	Einbauhöhe	☐	☐	☐	☐	☐	☐	☐	☐
	Silikondichtungen an Sanitärgegenständen	☐	☐	☐	☐	☐	☐	☐	☐
	Funktionsfähigkeit	☐	☐	☐	☐	☐	☐	☐	☐
	waagerechte Montage	☐	☐	☐	☐	☐	☐	☐	☐
	Duschtrennwände/Dichtigkeit/Befestig.	☐	☐	☐	☐	☐	☐	☐	☐
	Bad-/WC-Accessoires vollständig	☐	☐	☐	☐	☐	☐	☐	☐

Abnahme von Sondereigentum Die folgende Liste hilft Ihnen, wichtige Prüfpunkte bei der Abnahme des Sondereigentums nicht zu vergessen. Es handelt sich hierbei um Prüfpunkte, bei denen häufig Mängel gefunden werden. Punkte, die Sie überprüft haben, kreuzen Sie einfach an.		Raum: z.B. Flur	Raum:	Raum:	Raum:	Raum:	Raum:	Raum:	Raum:
12	**Treppen**								
	innerhalb der Wohnung								
	Musterübereinstimmung Baubeschreibung	☐	☐	☐	☐	☐	☐	☐	☐
	identische Antrittshöhen	☐	☐	☐	☐	☐	☐	☐	☐
	Befestigung Geländer/Geländerhöhen	☐	☐	☐	☐	☐	☐	☐	☐
	Handläufe/Befestigung	☐	☐	☐	☐	☐	☐	☐	☐
	Handläufe/Oberfläche	☐	☐	☐	☐	☐	☐	☐	☐
	Kopfhöhen	☐	☐	☐	☐	☐	☐	☐	☐
13	**Kamine/Öfen**								
	innerhalb der Wohnung								
	Musterübereinstimmung Baubeschreibung	☐	☐	☐	☐	☐	☐	☐	☐
	Abnahmeprotokoll Schornsteinfeger vorh.	☐	☐	☐	☐	☐	☐	☐	☐
	Wandanschluss/Montage	☐	☐	☐	☐	☐	☐	☐	☐
	Funktionsfähigkeit	☐	☐	☐	☐	☐	☐	☐	☐
	Zuluft und Rauchabzug	☐	☐	☐	☐	☐	☐	☐	☐
	Steuerung/Regulierung	☐	☐	☐	☐	☐	☐	☐	☐
14	**Einschubtreppe (bei Dachgeschosswohnungen)**								
	Musterübereinstimmung Baubeschreibung	☐	☐	☐	☐	☐	☐	☐	☐
	Funktion	☐	☐	☐	☐	☐	☐	☐	☐
15	**Dachfenster (bei Dachgeschosswohnungen)**								
	Musterübereinstimmung Baubeschreibung	☐	☐	☐	☐	☐	☐	☐	☐
	Wandanschlüsse	☐	☐	☐	☐	☐	☐	☐	☐
	Funktionsfähigkeit	☐	☐	☐	☐	☐	☐	☐	☐
	Musterübereinstimmung	☐	☐	☐	☐	☐	☐	☐	☐
	Feststellen zum Putzen möglich	☐	☐	☐	☐	☐	☐	☐	☐
	höher als umgebende Dachfläche montiert	☐	☐	☐	☐	☐	☐	☐	☐
	Falzdichtung des Fensters	☐	☐	☐	☐	☐	☐	☐	☐

Abnahme von Sondereigentum Die folgende Liste hilft Ihnen, wichtige Prüfpunkte bei der Abnahme des Sondereigentums nicht zu vergessen. Es handelt sich hierbei um Prüfpunkte, bei denen häufig Mängel gefunden werden. Punkte, die Sie überprüft haben, kreuzen Sie einfach an.	Raum: z.B. Flur	Raum:	Raum:	Raum:	Raum:	Raum:	Raum:	Raum:
16 Dachausstieg (bei Dachgeschosswohnungen)								
Musterübereinstimmung Baubeschreibung	☐	☐	☐	☐	☐	☐	☐	☐
Wandanschlüsse	☐	☐	☐	☐	☐	☐	☐	☐
Funktionsfähigkeit	☐	☐	☐	☐	☐	☐	☐	☐
Musterübereinstimmung	☐	☐	☐	☐	☐	☐	☐	☐
höher als umgebende Dachfläche montiert	☐	☐	☐	☐	☐	☐	☐	☐
Falzdichtung des Fensters	☐	☐	☐	☐	☐	☐	☐	☐
Erreichbarkeit	☐	☐	☐	☐	☐	☐	☐	☐
Größe	☐	☐	☐	☐	☐	☐	☐	☐

3.2.8 Die Teil- oder Schlussabnahme von gemeinschaftlichem Eigentum

Das gemeinschaftliche Eigentum eines Neubaus wird häufig relativ zügig nach Fertigstellung abgenommen. Zur Abnahme des gemeinschaftlichen Eigentums ist es nicht Voraussetzung, dass bereits alle Eigentumswohnungen des betreffenden Gebäudes verkauft sind. Im Gegenteil ist es häufig so, dass erst ein geringerer Teil der Eigentumswohnungen verkauft ist. Es ist also gut möglich, dass zum Zeitpunkt der Abnahme des gemeinschaftlichen Eigentums der Bauträger der Immobilie noch die Stimmenmehrheit nach dem WEGesetz hält. Dies muss Sie aber nicht schrecken, denn bei einer Abnahme wird nicht darüber abgestimmt, welcher Mangel vorbehalten wird und ins Protokoll kommt und welcher nicht, sondern dies bestimmt ausschließlich die Sachlage und gegebenenfalls ein unabhängiger Sachverständiger oder Gutachter.

Es ist auch hier nicht sinnvoll, sich auf Teilabnahmen des gemeinschaftlichen Eigentums entsprechend dem Baufortschritt einzulassen. So sinnvoll es ist, technische Begehungen nach Abschluss der Arbeiten eines jeweiligen Gewerks zu machen und hierzu Aktenvermerke mit Bildern anzulegen, so problematisch wäre es, jedes Gewerk für sich abzunehmen. Damit würden – wie weiter oben erwähnt – nicht nur Haftungsrisiken an den Schnittlinien von zwei Gewerken auf Sie zukommen, Sie hätten später auch zahlreiche, verschiedene Gewährleistungsfristen zu beachten.

Auch beim Schlussabnahmetermin des gemeinschaftlichen Eigentums sollten Sie auf einer förmlichen Abnahme mit Protokollierung bestehen. Beginnen Sie außen am Gebäude und begehen Sie dann konsequent alle Bereiche des gemeinschaftlichen Eigentums. Sie können hierzu die nachfolgenden Abnahme-Checklisten verwenden, damit Sie keinen Bereich vergessen.

Im Falle strittiger Punkte verfahren Sie exakt wie bei der Abnahme des Sondereigentums. Stellen Sie den Sachverhalt und die unterschiedlichen Auffassungen klar im Protokoll dar, verweisen Sie auf eine noch durchzuführende Klärung des Sachverhalts durch Sachverständige und dass der Mangel solange als vorbehalten gilt.

Kommt es zu heftigen, verbalen Auseinandersetzungen, können Sie gemeinsam mit den anderen Käufern den Termin auch in diesem Fall jederzeit abbrechen und später unter Einschaltung von Sachverständigen wieder anberaumen.

Achten Sie streng darauf, dass nur ein einziges, verbindliches Protokoll geschrieben und von allen Anwesenden unterzeichnet wird. Bevor Sie unterzeichnen, müssen Sie kontrollieren, ob sämtliche Vorbehalte und Anmerkungen, die Sie bei der Abnahme gemacht haben, auch in das Protokoll übernommen wurden und exakt sowie eindeutig sind, um jeden späteren Interpretationsspielraum auszuschließen. Verlangen Sie gegebenenfalls Nachbesserungen am Protokoll, bevor Sie unterzeichnen.

Abnahme von gemeinschaftlichem Eigentum Keller

Die folgende Liste hilft Ihnen, wichtige Prüfpunkte bei der Abnahme des Sondereigentums nicht zu vergessen. Es handelt sich hierbei um Prüfpunkte, bei denen häufig Mängel gefunden werden. Punkte, die Sie überprüft haben, kreuzen Sie einfach an.

		Raum: z.B. Flur	Raum:	Raum:	Raum:	Raum:	Raum:	Raum:	Raum:
01	**Kelleraußentür**								
	Musterübereinstimmung Baubeschreibung	☐	☐	☐	☐	☐	☐	☐	☐
	Schwenkradius	☐	☐	☐	☐	☐	☐	☐	☐
	Öffnungsrichtung	☐	☐	☐	☐	☐	☐	☐	☐
	Türhöhe/Türbreite	☐	☐	☐	☐	☐	☐	☐	☐
	Schließmechanismus/Schlüssel	☐	☐	☐	☐	☐	☐	☐	☐
	Beschläge	☐	☐	☐	☐	☐	☐	☐	☐
	Wetterschenkel	☐	☐	☐	☐	☐	☐	☐	☐
	dichtes Schließen/Türfalzdichtungen	☐	☐	☐	☐	☐	☐	☐	☐
	Türblattoberfläche	☐	☐	☐	☐	☐	☐	☐	☐
	Zargenoberfläche ZargenWand-Anschluss	☐	☐	☐	☐	☐	☐	☐	☐
	Türbänder/Befestigung	☐	☐	☐	☐	☐	☐	☐	☐
	lotrechter Einbau	☐	☐	☐	☐	☐	☐	☐	☐
02	**Kellerinnentüren**								
	Musterübereinstimmung Baubeschreibung	☐	☐	☐	☐	☐	☐	☐	☐
	Schwenkradius	☐	☐	☐	☐	☐	☐	☐	☐
	Öffnungsrichtung	☐	☐	☐	☐	☐	☐	☐	☐
	Türhöhe/Türbreite	☐	☐	☐	☐	☐	☐	☐	☐
	Schließmechanismus/Schlüssel	☐	☐	☐	☐	☐	☐	☐	☐
	Beschläge	☐	☐	☐	☐	☐	☐	☐	☐
	dichtes Schließen/Türfalzdichtungen	☐	☐	☐	☐	☐	☐	☐	☐
	Türblattoberfläche	☐	☐	☐	☐	☐	☐	☐	☐
	Zargenoberfläche/ZargenWand-Anschluss	☐	☐	☐	☐	☐	☐	☐	☐
	Türbänder/Befestigung	☐	☐	☐	☐	☐	☐	☐	☐
	lotrechter Einbau	☐	☐	☐	☐	☐	☐	☐	☐

Abnahme von gemeinschaftlichem Eigentum Keller Die folgende Liste hilft Ihnen, wichtige Prüfpunkte bei der Abnahme des Sondereigentums nicht zu vergessen. Es handelt sich hierbei um Prüfpunkte, bei denen häufig Mängel gefunden werden. Punkte, die Sie überprüft haben, kreuzen Sie einfach an.	Raum: z.B. Flur	Raum:	Raum:	Raum:	Raum:	Raum:	Raum:	Raum:
03 Kellerfenster								
Musterübereinstimmung Baubeschreibung	☐	☐	☐	☐	☐	☐	☐	☐
Schwenkradius	☐	☐	☐	☐	☐	☐	☐	☐
Öffnungsrichtung	☐	☐	☐	☐	☐	☐	☐	☐
Schließmechanismus	☐	☐	☐	☐	☐	☐	☐	☐
Beschläge	☐	☐	☐	☐	☐	☐	☐	☐
dichtes Schließen	☐	☐	☐	☐	☐	☐	☐	☐
Glasoberfläche	☐	☐	☐	☐	☐	☐	☐	☐
Einbruchsicherung	☐	☐	☐	☐	☐	☐	☐	☐
Befestigung	☐	☐	☐	☐	☐	☐	☐	☐
Wandanschluss	☐	☐	☐	☐	☐	☐	☐	☐
lotrechter Einbau	☐	☐	☐	☐	☐	☐	☐	☐
04 Fensterbänke *(falls vorhanden)*								
Musterübereinstimmung Baubeschreibung	☐	☐	☐	☐	☐	☐	☐	☐
Oberfläche (Kratzer, Risse, Sprünge)	☐	☐	☐	☐	☐	☐	☐	☐
waagerechter Einbau	☐	☐	☐	☐	☐	☐	☐	☐
Wandanschluss	☐	☐	☐	☐	☐	☐	☐	☐
05 Rollläden *(falls vorhanden)*								
Musterübereinstimmung Baubeschreibung	☐	☐	☐	☐	☐	☐	☐	☐
Gangbarkeit	☐	☐	☐	☐	☐	☐	☐	☐
Rollladenband lotrecht	☐	☐	☐	☐	☐	☐	☐	☐
Verschmutzung	☐	☐	☐	☐	☐	☐	☐	☐
Verdunkelung	☐	☐	☐	☐	☐	☐	☐	☐
Befestigung Rollladenklappe	☐	☐	☐	☐	☐	☐	☐	☐
06 Wandflächen Anstrich								
Musterübereinstimmung Baubeschreibung	☐	☐	☐	☐	☐	☐	☐	☐
Farbdeckung/Gleichmäßigkeit	☐	☐	☐	☐	☐	☐	☐	☐

Abnahme von gemeinschaftlichem Eigentum
Keller

Die folgende Liste hilft Ihnen, wichtige Prüfpunkte bei der Abnahme des Sondereigentums nicht zu vergessen. Es handelt sich hierbei um Prüfpunkte, bei denen häufig Mängel gefunden werden. Punkte, die Sie überprüft haben, kreuzen Sie einfach an.

	Raum: z.B. Flur	Raum:	Raum:	Raum:	Raum:	Raum:	Raum:	Raum:
06 Wandflächen Anstrich								
Farbhaftung	☐	☐	☐	☐	☐	☐	☐	☐
Farbton	☐	☐	☐	☐	☐	☐	☐	☐
Putz								
Musterübereinstimmung Baubeschreibung	☐	☐	☐	☐	☐	☐	☐	☐
Oberflächenstruktur	☐	☐	☐	☐	☐	☐	☐	☐
Gleichmäßigkeit	☐	☐	☐	☐	☐	☐	☐	☐
Ebenheit	☐	☐	☐	☐	☐	☐	☐	☐
Anstrich/Anschlüsse	☐	☐	☐	☐	☐	☐	☐	☐
Wandfliesen (falls vorhanden)								
Musterübereinstimmung Baubeschreibung	☐	☐	☐	☐	☐	☐	☐	☐
Ebenheit	☐	☐	☐	☐	☐	☐	☐	☐
Fugenbreite/Fugenverlauf	☐	☐	☐	☐	☐	☐	☐	☐
Sprünge	☐	☐	☐	☐	☐	☐	☐	☐
Durchstoßpunkte Sanitärinstallation	☐	☐	☐	☐	☐	☐	☐	☐
Ablagen mit Gefälle zum Raum	☐	☐	☐	☐	☐	☐	☐	☐
Übergänge zu Anschlussbauteilen (Tür etc.)	☐	☐	☐	☐	☐	☐	☐	☐
Befestigungen (Klopftest)	☐	☐	☐	☐	☐	☐	☐	☐
Vorwandinstallation (falls vorhanden)								
Musterübereinstimmung Baubeschreibung	☐	☐	☐	☐	☐	☐	☐	☐
Befestigung	☐	☐	☐	☐	☐	☐	☐	☐
Übergänge zu Anschlusswänden	☐	☐	☐	☐	☐	☐	☐	☐
Revisionsöffnungen	☐	☐	☐	☐	☐	☐	☐	☐
Sockelleisten								
Musterübereinstimmung Baubeschreibung	☐	☐	☐	☐	☐	☐	☐	☐
waagerechter Einbau	☐	☐	☐	☐	☐	☐	☐	☐
Oberfläche	☐	☐	☐	☐	☐	☐	☐	☐

Abnahme von gemeinschaftlichem Eigentum Keller Die folgende Liste hilft Ihnen, wichtige Prüfpunkte bei der Abnahme des Sondereigentums nicht zu vergessen. Es handelt sich hierbei um Prüfpunkte, bei denen häufig Mängel gefunden werden. Punkte, die Sie überprüft haben, kreuzen Sie einfach an.	Raum: z.B. Flur	Raum:	Raum:	Raum:	Raum:	Raum:	Raum:	Raum:
06 Wandflächen Anstrich								
Sockelleisten								
Wand-/Bodenanschluss	☐	☐	☐	☐	☐	☐	☐	☐
Stöße	☐	☐	☐	☐	☐	☐	☐	☐
07 Deckenuntersichten								
Musterübereinstimmung Baubeschreibung	☐	☐	☐	☐	☐	☐	☐	☐
Anstrich Farbdeckung/Gleichmäßigkeit	☐	☐	☐	☐	☐	☐	☐	☐
Farbhaftung	☐	☐	☐	☐	☐	☐	☐	☐
Farbton	☐	☐	☐	☐	☐	☐	☐	☐
Deckenauslässe (Elektro)	☐	☐	☐	☐	☐	☐	☐	☐
Putz								
Musterübereinstimmung Baubeschreibung	☐	☐	☐	☐	☐	☐	☐	☐
Oberflächenstruktur	☐	☐	☐	☐	☐	☐	☐	☐
Gleichmäßigkeit	☐	☐	☐	☐	☐	☐	☐	☐
Ebenheit	☐	☐	☐	☐	☐	☐	☐	☐
Anstrich, Anschlüsse	☐	☐	☐	☐	☐	☐	☐	☐
Deckenauslässe (Elektro)	☐	☐	☐	☐	☐	☐	☐	☐
08 Bodenbeläge								
Anstrich								
Musterübereinstimmung Baubeschreibung	☐	☐	☐	☐	☐	☐	☐	☐
Farbdeckung/Gleichmäßigkeit	☐	☐	☐	☐	☐	☐	☐	☐
Farbhaftung	☐	☐	☐	☐	☐	☐	☐	☐
Farbton	☐	☐	☐	☐	☐	☐	☐	☐
Stoßfestigkeit	☐	☐	☐	☐	☐	☐	☐	☐
Bodenfliesen								
Musterübereinstimmung Baubeschreibung	☐	☐	☐	☐	☐	☐	☐	☐
Ebenheit	☐	☐	☐	☐	☐	☐	☐	☐

Abnahme von gemeinschaftlichem Eigentum Keller Die folgende Liste hilft Ihnen, wichtige Prüfpunkte bei der Abnahme des Sondereigentums nicht zu vergessen. Es handelt sich hierbei um Prüfpunkte, bei denen häufig Mängel gefunden werden. Punkte, die Sie überprüft haben, kreuzen Sie einfach an.	Raum: z.B. Flur	Raum:	Raum:	Raum:	Raum:	Raum:	Raum:	Raum:
08 Bodenbeläge								
Bodenfliesen								
Fugenbreite/Fugenverlauf	☐	☐	☐	☐	☐	☐	☐	☐
Beschädigungen	☐	☐	☐	☐	☐	☐	☐	☐
Sockelleisten	☐	☐	☐	☐	☐	☐	☐	☐
Falls vorhanden: Bodenabläufe	☐	☐	☐	☐	☐	☐	☐	☐
Abschlussleisten/Übergänge	☐	☐	☐	☐	☐	☐	☐	☐
09 Elektroinstallation								
Musterübereinstimmung Baubeschreibung	☐	☐	☐	☐	☐	☐	☐	☐
Schalter/Anzahl und Lage	☐	☐	☐	☐	☐	☐	☐	☐
Steckdosen/Anzahl und Lage	☐	☐	☐	☐	☐	☐	☐	☐
Schalterprogramm	☐	☐	☐	☐	☐	☐	☐	☐
Funktionsfähigkeit	☐	☐	☐	☐	☐	☐	☐	☐
Lichtauslässe/Anzahl und Lage	☐	☐	☐	☐	☐	☐	☐	☐
10 Heizungsinstallation (*falls vorhanden)*								
Heizkörper/Musterübereinstimmung	☐	☐	☐	☐	☐	☐	☐	☐
Heizkörper/Dichtigkeit	☐	☐	☐	☐	☐	☐	☐	☐
Heizkörper/Oberfläche	☐	☐	☐	☐	☐	☐	☐	☐
Falls vorhanden: Entlüftung	☐	☐	☐	☐	☐	☐	☐	☐
Befestigung	☐	☐	☐	☐	☐	☐	☐	☐
Heizkörper/Lage/Anzahl/Größe	☐	☐	☐	☐	☐	☐	☐	☐
Funktionsfähigkeit/Dosierung/Thermostat	☐	☐	☐	☐	☐	☐	☐	☐
11 Sanitärinstallation (*falls vorhanden)*								
Armaturen/Musterübereinstimmung	☐	☐	☐	☐	☐	☐	☐	☐
Objekte/Musterübereinstimmung	☐	☐	☐	☐	☐	☐	☐	☐
Befestigung	☐	☐	☐	☐	☐	☐	☐	☐
Einbauhöhe	☐	☐	☐	☐	☐	☐	☐	☐

Abnahme von gemeinschaftlichem Eigentum Keller Die folgende Liste hilft Ihnen, wichtige Prüfpunkte bei der Abnahme des Sondereigentums nicht zu vergessen. Es handelt sich hierbei um Prüfpunkte, bei denen häufig Mängel gefunden werden. Punkte, die Sie überprüft haben, kreuzen Sie einfach an.	Raum: z.B. Flur	Raum:	Raum:	Raum:	Raum:	Raum:	Raum:	Raum:
11 Sanitärinstallation (*falls vorhanden*)								
Silikondichtungen an Sanitärgegenständen	☐	☐	☐	☐	☐	☐	☐	☐
Funktionsfähigkeit	☐	☐	☐	☐	☐	☐	☐	☐
waagerechte Montage	☐	☐	☐	☐	☐	☐	☐	☐
12 Treppen								
Musterübereinstimmung Baubeschreibung	☐	☐	☐	☐	☐	☐	☐	☐
identische Antrittshöhen	☐	☐	☐	☐	☐	☐	☐	☐
Befestigung Geländer	☐	☐	☐	☐	☐	☐	☐	☐
Geländerhöhen	☐	☐	☐	☐	☐	☐	☐	☐
Handläufe/Befestigung	☐	☐	☐	☐	☐	☐	☐	☐
Handläufe/Oberfläche	☐	☐	☐	☐	☐	☐	☐	☐
Kopfhöhen	☐	☐	☐	☐	☐	☐	☐	☐
13 Heizungsanlage								
Heizungsraum								
Musterübereinstimmung Baubeschreibung	☐	☐	☐	☐	☐	☐	☐	☐
Raumbelüftung (Zuluft/Abluft)	☐	☐	☐	☐	☐	☐	☐	☐
Heizungsraumtür/Feuerschutz notwendig	☐	☐	☐	☐	☐	☐	☐	☐
Kamin								
Musterübereinstimmung Baubeschreibung	☐	☐	☐	☐	☐	☐	☐	☐
Abnahmeprotokoll Schornsteinfeger vorh.	☐	☐	☐	☐	☐	☐	☐	☐
Wandanschluss/Montage	☐	☐	☐	☐	☐	☐	☐	☐
Funktionsfähigkeit/Zuluft	☐	☐	☐	☐	☐	☐	☐	☐
Rauchabzug/Anschluss an Brenner	☐	☐	☐	☐	☐	☐	☐	☐
Brenner								
Musterübereinstimmung Baubeschreibung	☐	☐	☐	☐	☐	☐	☐	☐
Abnahmeprotokoll Schornsteinfeger vorh.	☐	☐	☐	☐	☐	☐	☐	☐
Funktionsfähigkeit/Laufruhe	☐	☐	☐	☐	☐	☐	☐	☐

Abnahme von gemeinschaftlichem Eigentum Keller Die folgende Liste hilft Ihnen, wichtige Prüfpunkte bei der Abnahme des Sondereigentums nicht zu vergessen. Es handelt sich hierbei um Prüfpunkte, bei denen häufig Mängel gefunden werden. Punkte, die Sie überprüft haben, kreuzen Sie einfach an.	Raum: z.B. Flur	Raum:	Raum:	Raum:	Raum:	Raum:	Raum:	Raum:
13 Heizungsanlage								
Brenner								
Steuerung/Regulierung	☐	☐	☐	☐	☐	☐	☐	☐
Montage/Befestigung	☐	☐	☐	☐	☐	☐	☐	☐
Kessel								
Musterübereinstimmung Baubeschreibung	☐	☐	☐	☐	☐	☐	☐	☐
Abnahmeprotokoll Schornsteinfeger vorh.	☐	☐	☐	☐	☐	☐	☐	☐
Funktionsfähigkeit/Laufruhe	☐	☐	☐	☐	☐	☐	☐	☐
Steuerung/Regulierung	☐	☐	☐	☐	☐	☐	☐	☐
Montage/Befestigung	☐	☐	☐	☐	☐	☐	☐	☐
Pumpen								
Musterübereinstimmung Baubeschreibung	☐	☐	☐	☐	☐	☐	☐	☐
Funktionsfähigkeit	☐	☐	☐	☐	☐	☐	☐	☐
Laufruhe	☐	☐	☐	☐	☐	☐	☐	☐
Steuerung/Regulierung	☐	☐	☐	☐	☐	☐	☐	☐
Montage/Befestigung	☐	☐	☐	☐	☐	☐	☐	☐
Rohre/Ventile								
Musterübereinstimmung Baubeschreibung	☐	☐	☐	☐	☐	☐	☐	☐
Funktionsfähigkeit	☐	☐	☐	☐	☐	☐	☐	☐
Dichtigkeit	☐	☐	☐	☐	☐	☐	☐	☐
Wärmedämmung nach EnEV	☐	☐	☐	☐	☐	☐	☐	☐
Schalldämmung der Befestigungen	☐	☐	☐	☐	☐	☐	☐	☐
Montage/Befestigung	☐	☐	☐	☐	☐	☐	☐	☐
Ausdehungsgefäß								
Musterübereinstimmung Baubeschreibung	☐	☐	☐	☐	☐	☐	☐	☐
Funktionsfähigkeit	☐	☐	☐	☐	☐	☐	☐	☐
Dichtigkeit	☐	☐	☐	☐	☐	☐	☐	☐

Abnahme von gemeinschaftlichem Eigentum Keller

Die folgende Liste hilft Ihnen, wichtige Prüfpunkte bei der Abnahme des Sondereigentums nicht zu vergessen. Es handelt sich hierbei um Prüfpunkte, bei denen häufig Mängel gefunden werden. Punkte, die Sie überprüft haben, kreuzen Sie einfach an.

	Raum: z.B. Flur	Raum:	Raum:	Raum:	Raum:	Raum:	Raum:	Raum:
13 Heizungsanlage								
Ausdehungsgefäß								
Sicherheitsventile	☐	☐	☐	☐	☐	☐	☐	☐
Montage/Befestigung	☐	☐	☐	☐	☐	☐	☐	☐
Evtl. Öltank								
Musterübereinstimmung Baubeschreibung	☐	☐	☐	☐	☐	☐	☐	☐
Dichtigkeit	☐	☐	☐	☐	☐	☐	☐	☐
Funktionsfähigkeit Öluhr	☐	☐	☐	☐	☐	☐	☐	☐
Zulauf	☐	☐	☐	☐	☐	☐	☐	☐
Ablauf	☐	☐	☐	☐	☐	☐	☐	☐
Überlauf	☐	☐	☐	☐	☐	☐	☐	☐
Montage/Befestigung	☐	☐	☐	☐	☐	☐	☐	☐
Evtl. Gasheiztherme								
Musterübereinstimmung Baubeschreibung	☐	☐	☐	☐	☐	☐	☐	☐
Funktionsfähigkeit	☐	☐	☐	☐	☐	☐	☐	☐
Laufruhe	☐	☐	☐	☐	☐	☐	☐	☐
Steuerung/Regulierung	☐	☐	☐	☐	☐	☐	☐	☐
Montage/Befestigung	☐	☐	☐	☐	☐	☐	☐	☐
Evtl. Fernwärmeübergabestation								
Musterübereinstimmung Baubeschreibung	☐	☐	☐	☐	☐	☐	☐	☐
Funktionsfähigkeit	☐	☐	☐	☐	☐	☐	☐	☐
Übergabestation								
Laufruhe	☐	☐	☐	☐	☐	☐	☐	☐
Steuerung/Regulierung	☐	☐	☐	☐	☐	☐	☐	☐
Montage/Befestigung	☐	☐	☐	☐	☐	☐	☐	☐
Sonstiges								
Fachunternehmererklärung liegt vor	☐	☐	☐	☐	☐	☐	☐	☐

Abnahme von gemeinschaftlichem Eigentum Keller Die folgende Liste hilft Ihnen, wichtige Prüfpunkte bei der Abnahme des Sondereigentums nicht zu vergessen. Es handelt sich hierbei um Prüfpunkte, bei denen häufig Mängel gefunden werden. Punkte, die Sie überprüft haben, kreuzen Sie einfach an.	Raum: z.B. Flur	Raum:	Raum:	Raum:	Raum:	Raum:	Raum:	Raum:
13 Heizungsanlage								
Sonstiges								
Technisches Abnahmeprotokoll liegt vor	☐	☐	☐	☐	☐	☐	☐	☐
14 Hausanschluss								
Wasseranschluss								
Zulauf	☐	☐	☐	☐	☐	☐	☐	☐
Wanddurchstoßpunkte	☐	☐	☐	☐	☐	☐	☐	☐
Zähleruhren (Stadtwerke)	☐	☐	☐	☐	☐	☐	☐	☐
Dichtigkeit	☐	☐	☐	☐	☐	☐	☐	☐
Ventile/Funktionsfähigkeit	☐	☐	☐	☐	☐	☐	☐	☐
Montage/Befestigung	☐	☐	☐	☐	☐	☐	☐	☐
Elektroanschluss								
Zuführung	☐	☐	☐	☐	☐	☐	☐	☐
Wanddurchstoßpunkte	☐	☐	☐	☐	☐	☐	☐	☐
Zähleruhren (Stadtwerke)	☐	☐	☐	☐	☐	☐	☐	☐
Isolierungen	☐	☐	☐	☐	☐	☐	☐	☐
Sicherungen/Funktionsfähigkeit	☐	☐	☐	☐	☐	☐	☐	☐
Montage/Befestigung	☐	☐	☐	☐	☐	☐	☐	☐
Gasanschluss								
Zustrom	☐	☐	☐	☐	☐	☐	☐	☐
Wanddurchstoßpunkte	☐	☐	☐	☐	☐	☐	☐	☐
Zähleruhren (Stadtwerke)	☐	☐	☐	☐	☐	☐	☐	☐
Dichtigkeit	☐	☐	☐	☐	☐	☐	☐	☐
Ventile/Funktionsfähigkeit	☐	☐	☐	☐	☐	☐	☐	☐
Montage/Befestigung	☐	☐	☐	☐	☐	☐	☐	☐
Fernwärmeanschluss								
Zustrom	☐	☐	☐	☐	☐	☐	☐	☐

Abnahme von gemeinschaftlichem Eigentum Keller Die folgende Liste hilft Ihnen, wichtige Prüfpunkte bei der Abnahme des Sondereigentums nicht zu vergessen. Es handelt sich hierbei um Prüfpunkte, bei denen häufig Mängel gefunden werden. Punkte, die Sie überprüft haben, kreuzen Sie einfach an.	Raum: z.B. Flur	Raum:	Raum:	Raum:	Raum:	Raum:	Raum:	Raum:
14 Hausanschluss								
Fernwärmeanschluss								
Wanddurchstoßpunkte	☐	☐	☐	☐	☐	☐	☐	☐
Zähleruhren (Stadtwerke)	☐	☐	☐	☐	☐	☐	☐	☐
Dichtigkeit	☐	☐	☐	☐	☐	☐	☐	☐
Ventile/Funktionsfähigkeit	☐	☐	☐	☐	☐	☐	☐	☐
Montage/Befestigung	☐	☐	☐	☐	☐	☐	☐	☐
15 Gemeinschaftsräume								
Fahrradkeller								
Anzahl der Stellplätze	☐	☐	☐	☐	☐	☐	☐	☐
Erreichbarkeit von außen	☐	☐	☐	☐	☐	☐	☐	☐
Türbreiten	☐	☐	☐	☐	☐	☐	☐	☐
Reparaturplatz vorhanden	☐	☐	☐	☐	☐	☐	☐	☐
Waschküche								
Anzahl Anschlüsse für Waschmaschinen	☐	☐	☐	☐	☐	☐	☐	☐
Anzahl Anschlüsse für Trockner	☐	☐	☐	☐	☐	☐	☐	☐
Gerätestellplätze auf Sockel	☐	☐	☐	☐	☐	☐	☐	☐
Bodeneinlauf vorhanden	☐	☐	☐	☐	☐	☐	☐	☐
Belüftung ausreichend	☐	☐	☐	☐	☐	☐	☐	☐
Trockenleinen ausreichend	☐	☐	☐	☐	☐	☐	☐	☐
Platz für Arbeitstisch	☐	☐	☐	☐	☐	☐	☐	☐
16 Tiefgarage								
Dichtigkeit								
Boden-/Wandanschluss	☐	☐	☐	☐	☐	☐	☐	☐
Wandflächen	☐	☐	☐	☐	☐	☐	☐	☐
Decken-/Wandanschluss	☐	☐	☐	☐	☐	☐	☐	☐

Abnahme von gemeinschaftlichem Eigentum Keller Die folgende Liste hilft Ihnen, wichtige Prüfpunkte bei der Abnahme des Sondereigentums nicht zu vergessen. Es handelt sich hierbei um Prüfpunkte, bei denen häufig Mängel gefunden werden. Punkte, die Sie überprüft haben, kreuzen Sie einfach an.	Raum: z.B. Flur	Raum:	Raum:	Raum:	Raum:	Raum:	Raum:	Raum:
16 Tiefgarage								
Lüftung								
Nachweis ausreichender Lüftungsquerschnitte	☐	☐	☐	☐	☐	☐	☐	☐
Abnahmeprotokolle aller technischer Anlagen	☐	☐	☐	☐	☐	☐	☐	☐
Funktionsfähigkeit	☐	☐	☐	☐	☐	☐	☐	☐
Brandschutz								
Feuerlöscheinrichtungen	☐	☐	☐	☐	☐	☐	☐	☐
Fluchtwege/Kennzeichnung	☐	☐	☐	☐	☐	☐	☐	☐
Notbeleuchtung	☐	☐	☐	☐	☐	☐	☐	☐
Notbetrieb Tor	☐	☐	☐	☐	☐	☐	☐	☐
Sicherungsanlagen								
Funktionsfähigkeit Notstopp des Tores	☐	☐	☐	☐	☐	☐	☐	☐
Funktionsfähigkeit Ampelsteuerung	☐	☐	☐	☐	☐	☐	☐	☐
ausreichende Beleuchtung	☐	☐	☐	☐	☐	☐	☐	☐
Zeittaktung der Beleuchtung	☐	☐	☐	☐	☐	☐	☐	☐
Schließanlage	☐	☐	☐	☐	☐	☐	☐	☐
Einbruchsicherung	☐	☐	☐	☐	☐	☐	☐	☐
Stellplätze								
leichte Einfahrmöglichkeit/Abmessung	☐	☐	☐	☐	☐	☐	☐	☐
Anzahl/Kennzeichnung/Zuordnung	☐	☐	☐	☐	☐	☐	☐	☐
Stellplatzabtrennung	☐	☐	☐	☐	☐	☐	☐	☐
Funktionsfähigkeit mechanischer Parksysteme	☐	☐	☐	☐	☐	☐	☐	☐
technische Abnahme mechanischer Parksysteme	☐	☐	☐	☐	☐	☐	☐	☐
Zufahrt								
Befahrbarkeit	☐	☐	☐	☐	☐	☐	☐	☐
Nachweis Gefälle/Kurvenradius	☐	☐	☐	☐	☐	☐	☐	☐
Belag/Wintertauglichkeit	☐	☐	☐	☐	☐	☐	☐	☐
Beleuchtung	☐	☐	☐	☐	☐	☐	☐	☐
Zufahrt in/vom öffentlichen Verkehrsraum	☐	☐	☐	☐	☐	☐	☐	☐

Abnahme von gemeinschaftlichem Eigentum EG und OG Die folgende Liste hilft Ihnen, wichtige Prüfpunkte bei der Abnahme des Sondereigentums nicht zu vergessen. Es handelt sich hierbei um Prüfpunkte, bei denen häufig Mängel gefunden werden. Punkte, die Sie überprüft haben, kreuzen Sie einfach an.		Raum: z.B. Flur	Raum:	Raum:	Raum:	Raum:	Raum:	Raum:	Raum:
17	**Haustür**								
	Musterübereinstimmung Baubeschreibung	☐	☐	☐	☐	☐	☐	☐	☐
	Schwenkradius und Öffnungsrichtung	☐	☐	☐	☐	☐	☐	☐	☐
	Türhöhe/Türbreite	☐	☐	☐	☐	☐	☐	☐	☐
	Schließmechanismus/Schlüssel	☐	☐	☐	☐	☐	☐	☐	☐
	Beschläge und Wetterschenkel	☐	☐	☐	☐	☐	☐	☐	☐
	dichtes Schließen/Türfalzdichtungen	☐	☐	☐	☐	☐	☐	☐	☐
	Türblattoberfläche	☐	☐	☐	☐	☐	☐	☐	☐
	Zargenoberfläche/ZargenWand-Anschluss	☐	☐	☐	☐	☐	☐	☐	☐
	Türbänder/Befestigung	☐	☐	☐	☐	☐	☐	☐	☐
	lotrechter Einbau	☐	☐	☐	☐	☐	☐	☐	☐
18	**Innentüren**								
	Musterübereinstimmung Baubeschreibung	☐	☐	☐	☐	☐	☐	☐	☐
	Schwenkradius und Öffnungsrichtung	☐	☐	☐	☐	☐	☐	☐	☐
	Türhöhe/Türbreite	☐	☐	☐	☐	☐	☐	☐	☐
	Schließmechanismus/Schlüssel	☐	☐	☐	☐	☐	☐	☐	☐
	Beschläge	☐	☐	☐	☐	☐	☐	☐	☐
	Dichtes Schließen/Türfalzdichtungen	☐	☐	☐	☐	☐	☐	☐	☐
	Türblattoberfläche	☐	☐	☐	☐	☐	☐	☐	☐
	Zargenoberfläche/ZargenWand-Anschluss	☐	☐	☐	☐	☐	☐	☐	☐
	Türbänder/Befestigung	☐	☐	☐	☐	☐	☐	☐	☐
	lotrechter Einbau	☐	☐	☐	☐	☐	☐	☐	☐
19	**Fenster + Fenstertüren**								
	Musterübereinstimmung Baubeschreibung	☐	☐	☐	☐	☐	☐	☐	☐
	Befestigung	☐	☐	☐	☐	☐	☐	☐	☐
	Wandanschluss innen und außen	☐	☐	☐	☐	☐	☐	☐	☐

Abnahme von gemeinschaftlichem Eigentum EG und OG Die folgende Liste hilft Ihnen, wichtige Prüfpunkte bei der Abnahme des Sondereigentums nicht zu vergessen. Es handelt sich hierbei um Prüfpunkte, bei denen häufig Mängel gefunden werden. Punkte, die Sie überprüft haben, kreuzen Sie einfach an.		Raum: z.B. Flur	Raum:	Raum:	Raum:	Raum:	Raum:	Raum:	Raum:
19	**Fenster + Fenstertüren**								
	Anschluss Rollladenschienen/-kasten	☐	☐	☐	☐	☐	☐	☐	☐
	Holzfenster: Anstrich/Haftung/Farbton	☐	☐	☐	☐	☐	☐	☐	☐
	Schwenkradius und Öffnungsrichtung	☐	☐	☐	☐	☐	☐	☐	☐
	Lichte Höhe/Lichte Breite	☐	☐	☐	☐	☐	☐	☐	☐
	Schließmechanismus/Beschläge	☐	☐	☐	☐	☐	☐	☐	☐
	Wetterschenkel	☐	☐	☐	☐	☐	☐	☐	☐
	dichtes Schließen/Falzdichtungen	☐	☐	☐	☐	☐	☐	☐	☐
	Glasoberfläche	☐	☐	☐	☐	☐	☐	☐	☐
	Bänder/Befestigung	☐	☐	☐	☐	☐	☐	☐	☐
	lotrechter Einbau	☐	☐	☐	☐	☐	☐	☐	☐
20	**Fensterbänke**								
	Musterübereinstimmung Baubeschreibung	☐	☐	☐	☐	☐	☐	☐	☐
	Oberfläche (Kratzer/Risse/Sprünge)	☐	☐	☐	☐	☐	☐	☐	☐
	waagerechter Einbau	☐	☐	☐	☐	☐	☐	☐	☐
	Wandanschluss	☐	☐	☐	☐	☐	☐	☐	☐
21	**Rollläden**								
	Musterübereinstimmung Baubeschreibung	☐	☐	☐	☐	☐	☐	☐	☐
	Gangbarkeit	☐	☐	☐	☐	☐	☐	☐	☐
	Rollladenband lotrecht	☐	☐	☐	☐	☐	☐	☐	☐
	Verschmutzung	☐	☐	☐	☐	☐	☐	☐	☐
	Verdunkelung	☐	☐	☐	☐	☐	☐	☐	☐
	Befestigung Rollladenklappe	☐	☐	☐	☐	☐	☐	☐	☐

Abnahme von gemeinschaftlichem Eigentum EG und OG Die folgende Liste hilft Ihnen, wichtige Prüfpunkte bei der Abnahme des Sondereigentums nicht zu vergessen. Es handelt sich hierbei um Prüfpunkte, bei denen häufig Mängel gefunden werden. Punkte, die Sie überprüft haben, kreuzen Sie einfach an.	Raum: z.B. Flur	Raum:	Raum:	Raum:	Raum:	Raum:	Raum:	Raum:
22 Wandflächen								
Tapeten								
Musterübereinstimmung Baubeschreibung	☐	☐	☐	☐	☐	☐	☐	☐
Ebenheit	☐	☐	☐	☐	☐	☐	☐	☐
Anstrich	☐	☐	☐	☐	☐	☐	☐	☐
Nähte bei Tapeten/Anschlüsse/Stöße	☐	☐	☐	☐	☐	☐	☐	☐
Putz								
Musterübereinstimmung Baubeschreibung	☐	☐	☐	☐	☐	☐	☐	☐
Oberflächenstruktur	☐	☐	☐	☐	☐	☐	☐	☐
Gleichmäßigkeit	☐	☐	☐	☐	☐	☐	☐	☐
Ebenheit	☐	☐	☐	☐	☐	☐	☐	☐
Anstrich/Anschlüsse	☐	☐	☐	☐	☐	☐	☐	☐
Wandfliesen								
Musterübereinstimmung Baubeschreibung	☐	☐	☐	☐	☐	☐	☐	☐
Ebenheit	☐	☐	☐	☐	☐	☐	☐	☐
Fugenbreite/Fugenverlauf	☐	☐	☐	☐	☐	☐	☐	☐
Sprünge	☐	☐	☐	☐	☐	☐	☐	☐
Bordüren	☐	☐	☐	☐	☐	☐	☐	☐
Übergänge zu Anschlussbauteilen (Tür etc.)	☐	☐	☐	☐	☐	☐	☐	☐
Haftung am Untergrund (Klopftest)	☐	☐	☐	☐	☐	☐	☐	☐
Sockelleisten								
Musterübereinstimmung Baubeschreibung	☐	☐	☐	☐	☐	☐	☐	☐
waagerechter Einbau	☐	☐	☐	☐	☐	☐	☐	☐
Oberfläche	☐	☐	☐	☐	☐	☐	☐	☐
Wand-/Bodenanschluss	☐	☐	☐	☐	☐	☐	☐	☐
Stöße	☐	☐	☐	☐	☐	☐	☐	☐

Abnahme von gemeinschaftlichem Eigentum EG und OG Die folgende Liste hilft Ihnen, wichtige Prüfpunkte bei der Abnahme des Sondereigentums nicht zu vergessen. Es handelt sich hierbei um Prüfpunkte, bei denen häufig Mängel gefunden werden. Punkte, die Sie überprüft haben, kreuzen Sie einfach an.	Raum: z.B. Flur	Raum:	Raum:	Raum:	Raum:	Raum:	Raum:	Raum:
23 Deckenuntersichten								
Tapeten								
Musterübereinstimmung Baubeschreibung	☐	☐	☐	☐	☐	☐	☐	☐
Ebenheit	☐	☐	☐	☐	☐	☐	☐	☐
Anstrich	☐	☐	☐	☐	☐	☐	☐	☐
Nähte bei Tapeten/Anschlüsse/Stöße	☐	☐	☐	☐	☐	☐	☐	☐
Deckenauslässe (Elektro)	☐	☐	☐	☐	☐	☐	☐	☐
Putz								
Musterübereinstimmung Baubeschreibung	☐	☐	☐	☐	☐	☐	☐	☐
Oberflächenstruktur	☐	☐	☐	☐	☐	☐	☐	☐
Gleichmäßigkeit	☐	☐	☐	☐	☐	☐	☐	☐
Ebenheit	☐	☐	☐	☐	☐	☐	☐	☐
Anstrich/Anschlüsse	☐	☐	☐	☐	☐	☐	☐	☐
Deckenauslässe (Elektro)	☐	☐	☐	☐	☐	☐	☐	☐
Holz								
Musterübereinstimmung Baubeschreibung	☐	☐	☐	☐	☐	☐	☐	☐
Montagelaufrichtung	☐	☐	☐	☐	☐	☐	☐	☐
Stöße	☐	☐	☐	☐	☐	☐	☐	☐
Randabschluss	☐	☐	☐	☐	☐	☐	☐	☐
Randleisten	☐	☐	☐	☐	☐	☐	☐	☐
Befestigung	☐	☐	☐	☐	☐	☐	☐	☐
Deckenauslässe (Elektro)	☐	☐	☐	☐	☐	☐	☐	☐
24 Bodenbeläge								
Linoleum								
Musterübereinstimmung Baubeschreibung	☐	☐	☐	☐	☐	☐	☐	☐
Ebenheit	☐	☐	☐	☐	☐	☐	☐	☐

Abnahme von gemeinschaftlichem Eigentum EG und OG Die folgende Liste hilft Ihnen, wichtige Prüfpunkte bei der Abnahme des Sondereigentums nicht zu vergessen. Es handelt sich hierbei um Prüfpunkte, bei denen häufig Mängel gefunden werden. Punkte, die Sie überprüft haben, kreuzen Sie einfach an.	Raum: z.B. Flur	Raum:	Raum:	Raum:	Raum:	Raum:	Raum:	Raum:
24 Bodenbeläge								
Linoleum								
Schadenfreiheit	☐	☐	☐	☐	☐	☐	☐	☐
Fußleisten	☐	☐	☐	☐	☐	☐	☐	☐
Bodenfliesen								
Musterübereinstimmung Baubeschreibung	☐	☐	☐	☐	☐	☐	☐	☐
Ebenheit	☐	☐	☐	☐	☐	☐	☐	☐
Fugenbreite/Fugenverlauf	☐	☐	☐	☐	☐	☐	☐	☐
Sprünge	☐	☐	☐	☐	☐	☐	☐	☐
Durchstoßpunkte Sanitärinstallation	☐	☐	☐	☐	☐	☐	☐	☐
Falls vorhanden: Bodenabläufe	☐	☐	☐	☐	☐	☐	☐	☐
Abschlussleisten/Übergänge	☐	☐	☐	☐	☐	☐	☐	☐
Holzbelag								
Musterübereinstimmung Baubeschreibung	☐	☐	☐	☐	☐	☐	☐	☐
Ebenheit/Schliffbild	☐	☐	☐	☐	☐	☐	☐	☐
Verlegemuster/Verlegerichtung	☐	☐	☐	☐	☐	☐	☐	☐
Riss- oder Fugenbildung	☐	☐	☐	☐	☐	☐	☐	☐
Randabstände zur Wand	☐	☐	☐	☐	☐	☐	☐	☐
Eingelegte Korkstreifen	☐	☐	☐	☐	☐	☐	☐	☐
Abschlussleisten/Übergänge	☐	☐	☐	☐	☐	☐	☐	☐
Befestigung	☐	☐	☐	☐	☐	☐	☐	☐
25 Elektroinstallation								
Musterübereinstimmung Baubeschreibung	☐	☐	☐	☐	☐	☐	☐	☐
Schalter/Anzahl und Lage	☐	☐	☐	☐	☐	☐	☐	☐
Steckdosen/Anzahl und Lage	☐	☐	☐	☐	☐	☐	☐	☐
Schalterprogramm	☐	☐	☐	☐	☐	☐	☐	☐
Funktionsfähigkeit	☐	☐	☐	☐	☐	☐	☐	☐

Abnahme von gemeinschaftlichem Eigentum EG und OG Die folgende Liste hilft Ihnen, wichtige Prüfpunkte bei der Abnahme des Sondereigentums nicht zu vergessen. Es handelt sich hierbei um Prüfpunkte, bei denen häufig Mängel gefunden werden. Punkte, die Sie überprüft haben, kreuzen Sie einfach an.		Raum: z.B. Flur	Raum:	Raum:	Raum:	Raum:	Raum:	Raum:	Raum:
25	**Elektroinstallation**								
	Lichtauslässe/Anzahl und Lage	☐	☐	☐	☐	☐	☐	☐	☐
26	**Heizungsinstallation**								
	Heizkörper/Musterübereinstimmung	☐	☐	☐	☐	☐	☐	☐	☐
	Heizkörper/Dichtigkeit	☐	☐	☐	☐	☐	☐	☐	☐
	Heizkörper/Oberfläche	☐	☐	☐	☐	☐	☐	☐	☐
	Funktionsfähigkeit/Dosierung/Thermostat	☐	☐	☐	☐	☐	☐	☐	☐
	Falls vorhanden: Entlüftung	☐	☐	☐	☐	☐	☐	☐	☐
	Befestigung	☐	☐	☐	☐	☐	☐	☐	☐
	Heizkörper/Lage/Anzahl /Größe	☐	☐	☐	☐	☐	☐	☐	☐
27	**Treppen**								
	Musterübereinstimmung Baubeschreibung	☐	☐	☐	☐	☐	☐	☐	☐
	identische Antrittshöhen	☐	☐	☐	☐	☐	☐	☐	☐
	Befestigung Geländer/Geländerhöhen	☐	☐	☐	☐	☐	☐	☐	☐
	Handläufe/Befestigung	☐	☐	☐	☐	☐	☐	☐	☐
	Handläufe/Oberfläche	☐	☐	☐	☐	☐	☐	☐	☐
	Kopfhöhen	☐	☐	☐	☐	☐	☐	☐	☐

Abnahme von gemeinschaftlichem Eigentum Dachgeschoss Die folgende Liste hilft Ihnen, wichtige Prüfpunkte bei der Abnahme des Sondereigentums nicht zu vergessen. Es handelt sich hierbei um Prüfpunkte, bei denen häufig Mängel gefunden werden. Punkte, die Sie überprüft haben, kreuzen Sie einfach an.		Raum: z.B. Flur	Raum:	Raum:	Raum:	Raum:	Raum:	Raum:	Raum:
28	Innentüren								
	Musterübereinstimmung Baubeschreibung	☐	☐	☐	☐	☐	☐	☐	☐
	Schwenkradius	☐	☐	☐	☐	☐	☐	☐	☐
	Öffnungsrichtung	☐	☐	☐	☐	☐	☐	☐	☐
	Türhöhe/Türbreite	☐	☐	☐	☐	☐	☐	☐	☐
	Schließmechanismus/Schlüssel	☐	☐	☐	☐	☐	☐	☐	☐
	Beschläge	☐	☐	☐	☐	☐	☐	☐	☐
	dichtes Schließen/Türfalzdichtungen	☐	☐	☐	☐	☐	☐	☐	☐
	Türblattoberfläche	☐	☐	☐	☐	☐	☐	☐	☐
	Zargenoberfläche/Zargen-Wand-Anschluss	☐	☐	☐	☐	☐	☐	☐	☐
	Türbänder/Befestigung	☐	☐	☐	☐	☐	☐	☐	☐
	lotrechter Einbau	☐	☐	☐	☐	☐	☐	☐	☐
29	**Fenster + Fenstertüren**								
	Musterübereinstimmung Baubeschreibung	☐	☐	☐	☐	☐	☐	☐	☐
	Befestigung	☐	☐	☐	☐	☐	☐	☐	☐
	Wandanschluss innen und außen	☐	☐	☐	☐	☐	☐	☐	☐
	Anschluss Rollladenschienen/-kasten	☐	☐	☐	☐	☐	☐	☐	☐
	Holzfenster: Anstrich/Haftung/Farbton	☐	☐	☐	☐	☐	☐	☐	☐
	Schwenkradius und Öffnungsrichtung	☐	☐	☐	☐	☐	☐	☐	☐
	lichte Höhe/lichte Breite	☐	☐	☐	☐	☐	☐	☐	☐
	Schließmechanismus/Beschläge	☐	☐	☐	☐	☐	☐	☐	☐
	Wetterschenkel	☐	☐	☐	☐	☐	☐	☐	☐
	dichtes Schließen/Falzdichtungen	☐	☐	☐	☐	☐	☐	☐	☐
	Glasoberfläche	☐	☐	☐	☐	☐	☐	☐	☐
	Bänder/Befestigung	☐	☐	☐	☐	☐	☐	☐	☐
	lotrechter Einbau	☐	☐	☐	☐	☐	☐	☐	☐

Abnahme von gemeinschaftlichem Eigentum Dachgeschoss Die folgende Liste hilft Ihnen, wichtige Prüfpunkte bei der Abnahme des Sondereigentums nicht zu vergessen. Es handelt sich hierbei um Prüfpunkte, bei denen häufig Mängel gefunden werden. Punkte, die Sie überprüft haben, kreuzen Sie einfach an.	Raum: z.B. Flur	Raum:	Raum:	Raum:	Raum:	Raum:	Raum:	Raum:
30 Fensterbänke								
Musterübereinstimmung Baubeschreibung	☐	☐	☐	☐	☐	☐	☐	☐
Oberfläche (Kratzer/Risse/Sprünge)	☐	☐	☐	☐	☐	☐	☐	☐
waagerechter Einbau	☐	☐	☐	☐	☐	☐	☐	☐
Wandanschluss	☐	☐	☐	☐	☐	☐	☐	☐
31 Rollläden								
Musterübereinstimmung Baubeschreibung	☐	☐	☐	☐	☐	☐	☐	☐
Gangbarkeit	☐	☐	☐	☐	☐	☐	☐	☐
Rollladenband lotrecht	☐	☐	☐	☐	☐	☐	☐	☐
Verschmutzung	☐	☐	☐	☐	☐	☐	☐	☐
Verdunkelung	☐	☐	☐	☐	☐	☐	☐	☐
Befestigung Rollladenklappe	☐	☐	☐	☐	☐	☐	☐	☐
32 Wandflächen								
Tapeten								
Musterübereinstimmung Baubeschreibung	☐	☐	☐	☐	☐	☐	☐	☐
Ebenheit	☐	☐	☐	☐	☐	☐	☐	☐
Anstrich	☐	☐	☐	☐	☐	☐	☐	☐
Nähte bei Tapeten/Anschlüsse/Stöße	☐	☐	☐	☐	☐	☐	☐	☐
Putz								
Musterübereinstimmung Baubeschreibung	☐	☐	☐	☐	☐	☐	☐	☐
Oberflächenstruktur	☐	☐	☐	☐	☐	☐	☐	☐
Gleichmäßigkeit	☐	☐	☐	☐	☐	☐	☐	☐
Anstrich/Anschlüsse	☐	☐	☐	☐	☐	☐	☐	☐
Wandfliesen								
Musterübereinstimmung Baubeschreibung	☐	☐	☐	☐	☐	☐	☐	☐
Ebenheit	☐	☐	☐	☐	☐	☐	☐	☐
Fugenbreite/Fugenverlauf	☐	☐	☐	☐	☐	☐	☐	☐

Abnahme von gemeinschaftlichem Eigentum Dachgeschoss Die folgende Liste hilft Ihnen, wichtige Prüfpunkte bei der Abnahme des Sondereigentums nicht zu vergessen. Es handelt sich hierbei um Prüfpunkte, bei denen häufig Mängel gefunden werden. Punkte, die Sie überprüft haben, kreuzen Sie einfach an.	Raum: z.B. Flur	Raum:	Raum:	Raum:	Raum:	Raum:	Raum:	Raum:
32 Wandflächen								
Wandfliesen								
Sprünge	☐	☐	☐	☐	☐	☐	☐	☐
Durchstoßpunkte Sanitärinstallation	☐	☐	☐	☐	☐	☐	☐	☐
Bordüren	☐	☐	☐	☐	☐	☐	☐	☐
Ablagen mit Gefälle zum Raum	☐	☐	☐	☐	☐	☐	☐	☐
Übergänge zu Anschlussbauteilen (Tür etc.)	☐	☐	☐	☐	☐	☐	☐	☐
Befestigungen (Klopftest)	☐	☐	☐	☐	☐	☐	☐	☐
Sockelleisten								
Musterübereinstimmung Baubeschreibung	☐	☐	☐	☐	☐	☐	☐	☐
waagerechter Einbau	☐	☐	☐	☐	☐	☐	☐	☐
Oberfläche	☐	☐	☐	☐	☐	☐	☐	☐
Wand-/Bodenanschluss	☐	☐	☐	☐	☐	☐	☐	☐
Stöße	☐	☐	☐	☐	☐	☐	☐	☐
33 Deckenuntersichten								
Tapeten								
Musterübereinstimmung Baubeschreibung	☐	☐	☐	☐	☐	☐	☐	☐
Ebenheit	☐	☐	☐	☐	☐	☐	☐	☐
Anstrich	☐	☐	☐	☐	☐	☐	☐	☐
Nähte bei Tapeten/Anschlüsse/Stöße	☐	☐	☐	☐	☐	☐	☐	☐
Deckenauslässe (Elektro)	☐	☐	☐	☐	☐	☐	☐	☐
Putz								
Musterübereinstimmung Baubeschreibung	☐	☐	☐	☐	☐	☐	☐	☐
Oberflächenstruktur	☐	☐	☐	☐	☐	☐	☐	☐
Gleichmäßigkeit	☐	☐	☐	☐	☐	☐	☐	☐
Ebenheit	☐	☐	☐	☐	☐	☐	☐	☐
Anstrich/Anschlüsse	☐	☐	☐	☐	☐	☐	☐	☐

Abnahme von gemeinschaftlichem Eigentum Dachgeschoss Die folgende Liste hilft Ihnen, wichtige Prüfpunkte bei der Abnahme des Sondereigentums nicht zu vergessen. Es handelt sich hierbei um Prüfpunkte, bei denen häufig Mängel gefunden werden. Punkte, die Sie überprüft haben, kreuzen Sie einfach an.	Raum: z.B. Flur	Raum:	Raum:	Raum:	Raum:	Raum:	Raum:	Raum:
33 Deckenuntersichten								
Putz								
Deckenauslässe (Elektro)	☐	☐	☐	☐	☐	☐	☐	☐
Holz								
Musterübereinstimmung Baubeschreibung	☐	☐	☐	☐	☐	☐	☐	☐
Montagelaufrichtung	☐	☐	☐	☐	☐	☐	☐	☐
Stöße	☐	☐	☐	☐	☐	☐	☐	☐
Randabschluss	☐	☐	☐	☐	☐	☐	☐	☐
Randleisten	☐	☐	☐	☐	☐	☐	☐	☐
Befestigung	☐	☐	☐	☐	☐	☐	☐	☐
Deckenauslässe (Elektro)	☐	☐	☐	☐	☐	☐	☐	☐
34 Bodenbeläge								
Linoleum								
Musterübereinstimmung Baubeschreibung	☐	☐	☐	☐	☐	☐	☐	☐
Ebenheit	☐	☐	☐	☐	☐	☐	☐	☐
Schadenfreiheit	☐	☐	☐	☐	☐	☐	☐	☐
Fußleisten	☐	☐	☐	☐	☐	☐	☐	☐
Bodenfliesen								
Musterübereinstimmung Baubeschreibung	☐	☐	☐	☐	☐	☐	☐	☐
Ebenheit	☐	☐	☐	☐	☐	☐	☐	☐
Fugenbreite/Fugenverlauf	☐	☐	☐	☐	☐	☐	☐	☐
Sprünge	☐	☐	☐	☐	☐	☐	☐	☐
Durchstoßpunkte Sanitärinstallation	☐	☐	☐	☐	☐	☐	☐	☐
Falls vorhanden: Bodenabläufe	☐	☐	☐	☐	☐	☐	☐	☐
Abschlussleisten/Übergänge	☐	☐	☐	☐	☐	☐	☐	☐

Abnahme von gemeinschaftlichem Eigentum Dachgeschoss Die folgende Liste hilft Ihnen, wichtige Prüfpunkte bei der Abnahme des Sondereigentums nicht zu vergessen. Es handelt sich hierbei um Prüfpunkte, bei denen häufig Mängel gefunden werden. Punkte, die Sie überprüft haben, kreuzen Sie einfach an.	Raum: z.B. Flur	Raum:	Raum:	Raum:	Raum:	Raum:	Raum:	Raum:
34 Bodenbeläge								
Holzbelag								
Musterübereinstimmung Baubeschreibung	☐	☐	☐	☐	☐	☐	☐	☐
Ebenheit	☐	☐	☐	☐	☐	☐	☐	☐
Schliffbild	☐	☐	☐	☐	☐	☐	☐	☐
Verlegemuster/Verlegerichtung	☐	☐	☐	☐	☐	☐	☐	☐
Riss- oder Fugenbildung	☐	☐	☐	☐	☐	☐	☐	☐
Randabstände zur Wand	☐	☐	☐	☐	☐	☐	☐	☐
Eingelegte Korkstreifen	☐	☐	☐	☐	☐	☐	☐	☐
Abschlussleisten/Übergänge	☐	☐	☐	☐	☐	☐	☐	☐
Befestigung	☐	☐	☐	☐	☐	☐	☐	☐
35 Elektroinstallation								
Musterübereinstimmung Baubeschreibung	☐	☐	☐	☐	☐	☐	☐	☐
Schalter/Anzahl und Lage	☐	☐	☐	☐	☐	☐	☐	☐
Steckdosen/Anzahl und Lage	☐	☐	☐	☐	☐	☐	☐	☐
Schalterprogramm	☐	☐	☐	☐	☐	☐	☐	☐
Funktionsfähigkeit	☐	☐	☐	☐	☐	☐	☐	☐
Lichtauslässe/Anzahl und Lage	☐	☐	☐	☐	☐	☐	☐	☐
36 Heizungsinstallation								
Musterübereinstimmung Baubeschreibung	☐	☐	☐	☐	☐	☐	☐	☐
Heizkörper/Dichtigkeit	☐	☐	☐	☐	☐	☐	☐	☐
Heizkörper/Oberfläche	☐	☐	☐	☐	☐	☐	☐	☐
Funktionsfähigkeit/Dosierung/Thermostat	☐	☐	☐	☐	☐	☐	☐	☐
Falls vorhanden: Entlüftung	☐	☐	☐	☐	☐	☐	☐	☐
Befestigung	☐	☐	☐	☐	☐	☐	☐	☐
Heizkörper/Lage/Anzahl/Größe	☐	☐	☐	☐	☐	☐	☐	☐

Abnahme von gemeinschaftlichem Eigentum Dachgeschoss Die folgende Liste hilft Ihnen, wichtige Prüfpunkte bei der Abnahme des Sondereigentums nicht zu vergessen. Es handelt sich hierbei um Prüfpunkte, bei denen häufig Mängel gefunden werden. Punkte, die Sie überprüft haben, kreuzen Sie einfach an.		Raum: z.B. Flur	Raum:	Raum:	Raum:	Raum:	Raum:	Raum:	Raum:
37	**Treppen**								
	Musterübereinstimmung Baubeschreibung	☐	☐	☐	☐	☐	☐	☐	☐
	identische Antrittshöhen	☐	☐	☐	☐	☐	☐	☐	☐
	Befestigung Geländer	☐	☐	☐	☐	☐	☐	☐	☐
	Geländerhöhen	☐	☐	☐	☐	☐	☐	☐	☐
	Handläufe/Befestigung	☐	☐	☐	☐	☐	☐	☐	☐
	Handläufe/Oberfläche	☐	☐	☐	☐	☐	☐	☐	☐
	Kopfhöhen	☐	☐	☐	☐	☐	☐	☐	☐
	Einschubtreppe/Funktion	☐	☐	☐	☐	☐	☐	☐	☐
	Einschubtreppe/Musterübereinstimmung	☐	☐	☐	☐	☐	☐	☐	☐
38	**Dachfenster**								
	Musterübereinstimmung Baubeschreibung	☐	☐	☐	☐	☐	☐	☐	☐
	Wandanschlüsse	☐	☐	☐	☐	☐	☐	☐	☐
	Funktionsfähigkeit	☐	☐	☐	☐	☐	☐	☐	☐
	Musterübereinstimmung	☐	☐	☐	☐	☐	☐	☐	☐
	Feststellen zum Putzen möglich	☐	☐	☐	☐	☐	☐	☐	☐
	höher als umgebende Dachfläche montiert	☐	☐	☐	☐	☐	☐	☐	☐
	Falzdichtung des Fensters	☐	☐	☐	☐	☐	☐	☐	☐
39	**Dachausstieg**								
	Musterübereinstimmung Baubeschreibung	☐	☐	☐	☐	☐	☐	☐	☐
	Wandanschlüsse	☐	☐	☐	☐	☐	☐	☐	☐
	Funktionsfähigkeit	☐	☐	☐	☐	☐	☐	☐	☐
	Musterübereinstimmung	☐	☐	☐	☐	☐	☐	☐	☐
	höher als umgebende Dachfläche montiert	☐	☐	☐	☐	☐	☐	☐	☐
	Falzdichtung des Fensters	☐	☐	☐	☐	☐	☐	☐	☐
	Erreichbarkeit	☐	☐	☐	☐	☐	☐	☐	☐
	Größe	☐	☐	☐	☐	☐	☐	☐	☐

Abnahme von gemeinschaftlichem Eigentum Fassade Die folgende Liste hilft Ihnen, wichtige Prüfpunkte bei der Abnahme des Sondereigentums nicht zu vergessen. Es handelt sich hierbei um Prüfpunkte, bei denen häufig Mängel gefunden werden. Punkte, die Sie überprüft haben, kreuzen Sie einfach an.	Fassade: z.B. Ost	Fassade:	Fassade:	Fassade:	Fassade:	Fassade:	Fassade:	Fassade:
40 Dränage								
Musterübereinstimmung Baubeschreibung	☐	☐	☐	☐	☐	☐	☐	☐
evtl. Kiesstreifen	☐	☐	☐	☐	☐	☐	☐	☐
Übergang zu Haussockel	☐	☐	☐	☐	☐	☐	☐	☐
Übergang zu Grundstück/Einfassung	☐	☐	☐	☐	☐	☐	☐	☐
Anschüttung an Kellerlichtschächte	☐	☐	☐	☐	☐	☐	☐	☐
41 Lichtschächte								
Gitterroste								
Musterübereinstimmung Baubeschreibung	☐	☐	☐	☐	☐	☐	☐	☐
Korrosion	☐	☐	☐	☐	☐	☐	☐	☐
Montage/Befestigung	☐	☐	☐	☐	☐	☐	☐	☐
Öffnungsmöglichkeit/Einbruchsicherung	☐	☐	☐	☐	☐	☐	☐	☐
Kunststoffschacht								
Musterübereinstimmung Baubeschreibung	☐	☐	☐	☐	☐	☐	☐	☐
Oberfläche	☐	☐	☐	☐	☐	☐	☐	☐
Anarbeitung an Hauswand/Dichtigkeit	☐	☐	☐	☐	☐	☐	☐	☐
Wasserabführung	☐	☐	☐	☐	☐	☐	☐	☐
Zugänglichkeit	☐	☐	☐	☐	☐	☐	☐	☐
lotrechter Einbau	☐	☐	☐	☐	☐	☐	☐	☐
Betonschacht								
Musterübereinstimmung Baubeschreibung	☐	☐	☐	☐	☐	☐	☐	☐
Oberfläche	☐	☐	☐	☐	☐	☐	☐	☐
Anarbeitung an Hauswand/Dichtigkeit	☐	☐	☐	☐	☐	☐	☐	☐
Wasserabführung	☐	☐	☐	☐	☐	☐	☐	☐
Zugänglichkeit	☐	☐	☐	☐	☐	☐	☐	☐
lotrechter Einbau	☐	☐	☐	☐	☐	☐	☐	☐

Abnahme von gemeinschaftlichem Eigentum Fassade Die folgende Liste hilft Ihnen, wichtige Prüfpunkte bei der Abnahme des Sondereigentums nicht zu vergessen. Es handelt sich hierbei um Prüfpunkte, bei denen häufig Mängel gefunden werden. Punkte, die Sie überprüft haben, kreuzen Sie einfach an.	Fassade: z.B. Ost	Fassade:	Fassade:	Fassade:	Fassade:	Fassade:	Fassade:	Fassade:
42 Sockel								
Beton								
Musterübereinstimmung Baubeschreibung	☐	☐	☐	☐	☐	☐	☐	☐
Oberfläche	☐	☐	☐	☐	☐	☐	☐	☐
Ebenheit	☐	☐	☐	☐	☐	☐	☐	☐
Gleichmäßigkeit	☐	☐	☐	☐	☐	☐	☐	☐
Eckausführungen	☐	☐	☐	☐	☐	☐	☐	☐
Übergang Sockelfußpunkt	☐	☐	☐	☐	☐	☐	☐	☐
Übergang zu Hausfassade	☐	☐	☐	☐	☐	☐	☐	☐
Anarbeitung an Lichtschächte/Fenster/Tür	☐	☐	☐	☐	☐	☐	☐	☐
Putz								
Musterübereinstimmung Baubeschreibung	☐	☐	☐	☐	☐	☐	☐	☐
Putzmusterung	☐	☐	☐	☐	☐	☐	☐	☐
Ebenheit	☐	☐	☐	☐	☐	☐	☐	☐
Gleichmäßigkeit	☐	☐	☐	☐	☐	☐	☐	☐
Eckausführungen/Putzleisten	☐	☐	☐	☐	☐	☐	☐	☐
Übergang Sockelfußpunkt	☐	☐	☐	☐	☐	☐	☐	☐
Übergang zu Hausfassade	☐	☐	☐	☐	☐	☐	☐	☐
Anarbeitung an Lichtschächte/Fenster/Tür	☐	☐	☐	☐	☐	☐	☐	☐
Putzhaftung (Klopftest)	☐	☐	☐	☐	☐	☐	☐	☐
Klinker/Plättchen								
Musterübereinstimmung Baubeschreibung	☐	☐	☐	☐	☐	☐	☐	☐
Sprünge	☐	☐	☐	☐	☐	☐	☐	☐
Ebenheit	☐	☐	☐	☐	☐	☐	☐	☐
Fugenbreite/Fugenverlauf	☐	☐	☐	☐	☐	☐	☐	☐
Eckausführungen	☐	☐	☐	☐	☐	☐	☐	☐
Übergang Sockelfußpunkt	☐	☐	☐	☐	☐	☐	☐	☐

Abnahme von gemeinschaftlichem Eigentum Fassade Die folgende Liste hilft Ihnen, wichtige Prüfpunkte bei der Abnahme des Sondereigentums nicht zu vergessen. Es handelt sich hierbei um Prüfpunkte, bei denen häufig Mängel gefunden werden. Punkte, die Sie überprüft haben, kreuzen Sie einfach an.	Fassade: z.B. Ost	Fassade:	Fassade:	Fassade:	Fassade:	Fassade:	Fassade:	Fassade:
42 Sockel								
Klinker/Plättchen								
Übergang zu Hausfassade	☐	☐	☐	☐	☐	☐	☐	☐
Anarbeitung an Lichtschächte/Fenster/Tür	☐	☐	☐	☐	☐	☐	☐	☐
Montage/Befestigung (Klopftest)	☐	☐	☐	☐	☐	☐	☐	☐
43 Fassade								
Klinker								
Musterübereinstimmung Baubeschreibung	☐	☐	☐	☐	☐	☐	☐	☐
bei Hinterlüftung: Lüftungsschlitze	☐	☐	☐	☐	☐	☐	☐	☐
Risse/Sprünge	☐	☐	☐	☐	☐	☐	☐	☐
Ebenheit	☐	☐	☐	☐	☐	☐	☐	☐
Fugenbreite/Fugenverlauf	☐	☐	☐	☐	☐	☐	☐	☐
Eckausführungen	☐	☐	☐	☐	☐	☐	☐	☐
Anarbeitung an First und Ortgang	☐	☐	☐	☐	☐	☐	☐	☐
Anarbeitung an Fenster und Türen	☐	☐	☐	☐	☐	☐	☐	☐
Montage/Befestigung	☐	☐	☐	☐	☐	☐	☐	☐
Fensterstürze gemäß Muster	☐	☐	☐	☐	☐	☐	☐	☐
Farbton	☐	☐	☐	☐	☐	☐	☐	☐
Putz/Wärmedämmverbundsystem								
Musterübereinstimmung Baubeschreibung	☐	☐	☐	☐	☐	☐	☐	☐
Dichtigkeit an Anschlusspunkten	☐	☐	☐	☐	☐	☐	☐	☐
Dichtigkeit des Wärmedämmverbundsystems	☐	☐	☐	☐	☐	☐	☐	☐
Ebenheit	☐	☐	☐	☐	☐	☐	☐	☐
Risse/Materialübergänge	☐	☐	☐	☐	☐	☐	☐	☐
Gleichmäßigkeit	☐	☐	☐	☐	☐	☐	☐	☐
Eckausführungen/Putzleisten	☐	☐	☐	☐	☐	☐	☐	☐
Anarbeitung an First und Ortgang	☐	☐	☐	☐	☐	☐	☐	☐

Abnahme von gemeinschaftlichem Eigentum Fassade

Die folgende Liste hilft Ihnen, wichtige Prüfpunkte bei der Abnahme des Sondereigentums nicht zu vergessen. Es handelt sich hierbei um Prüfpunkte, bei denen häufig Mängel gefunden werden. Punkte, die Sie überprüft haben, kreuzen Sie einfach an.

	Fassade: z.B. Ost	Fassade:	Fassade:	Fassade:	Fassade:	Fassade:	Fassade:	Fassade:
43 Fassade								
Putz/Wärmedämmverbundsystem								
Anarbeitung an Fenster und Türen	☐	☐	☐	☐	☐	☐	☐	☐
Putzhaftung	☐	☐	☐	☐	☐	☐	☐	☐
Farbton	☐	☐	☐	☐	☐	☐	☐	☐
Holz								
Musterübereinstimmung Baubeschreibung	☐	☐	☐	☐	☐	☐	☐	☐
Dichtigkeit am Sockelanschluss	☐	☐	☐	☐	☐	☐	☐	☐
aber: Verschalung zur Hinterlüftung offen	☐	☐	☐	☐	☐	☐	☐	☐
Gitterschutz am Lufteintritt	☐	☐	☐	☐	☐	☐	☐	☐
Ablaufblech mit Tropfkante unter Lufteintritt	☐	☐	☐	☐	☐	☐	☐	☐
Verschalungsmuster	☐	☐	☐	☐	☐	☐	☐	☐
Lattenstöße	☐	☐	☐	☐	☐	☐	☐	☐
Eckausführungen	☐	☐	☐	☐	☐	☐	☐	☐
Anarbeitung an First und Ortgang	☐	☐	☐	☐	☐	☐	☐	☐
Anarbeitung an Fenster und Türen	☐	☐	☐	☐	☐	☐	☐	☐
Montage/Befestigung	☐	☐	☐	☐	☐	☐	☐	☐
Farbton	☐	☐	☐	☐	☐	☐	☐	☐
44 Fenster + Fenstertüren								
Musterübereinstimmung Baubeschreibung	☐	☐	☐	☐	☐	☐	☐	☐
Befestigung	☐	☐	☐	☐	☐	☐	☐	☐
Wandanschluss außen	☐	☐	☐	☐	☐	☐	☐	☐
Anschluss Rollladenschienen/-kasten	☐	☐	☐	☐	☐	☐	☐	☐
Holzfenster: Anstrich/Haftung/Farbton	☐	☐	☐	☐	☐	☐	☐	☐
Schwenkradius und Öffnungsrichtung	☐	☐	☐	☐	☐	☐	☐	☐
lichte Höhe/lichte Breite	☐	☐	☐	☐	☐	☐	☐	☐
Schließmechanismus/Beschläge	☐	☐	☐	☐	☐	☐	☐	☐

Abnahme von gemeinschaftlichem Eigentum Fassade Die folgende Liste hilft Ihnen, wichtige Prüfpunkte bei der Abnahme des Sondereigentums nicht zu vergessen. Es handelt sich hierbei um Prüfpunkte, bei denen häufig Mängel gefunden werden. Punkte, die Sie überprüft haben, kreuzen Sie einfach an.		Fassade: z.B. Ost	Fassade:	Fassade:	Fassade:	Fassade:	Fassade:	Fassade:	Fassade:
44	**Fenster + Fenstertüren**								
	Wetterschenkel	☐	☐	☐	☐	☐	☐	☐	☐
	dichtes Schließen/Falzdichtungen	☐	☐	☐	☐	☐	☐	☐	☐
	Glasoberfläche	☐	☐	☐	☐	☐	☐	☐	☐
	Bänder/Befestigung	☐	☐	☐	☐	☐	☐	☐	☐
	lotrechter Einbau	☐	☐	☐	☐	☐	☐	☐	☐
45	**Fensterbänke**								
	Musterübereinstimmung Baubeschreibung	☐	☐	☐	☐	☐	☐	☐	☐
	Oberfläche (Kratzer/Sprünge/Risse)	☐	☐	☐	☐	☐	☐	☐	☐
	waagerechter Einbau	☐	☐	☐	☐	☐	☐	☐	☐
	Gefälle vom Haus weg	☐	☐	☐	☐	☐	☐	☐	☐
	Fassadenanschluss	☐	☐	☐	☐	☐	☐	☐	☐
	Rollladenschienenanschluss	☐	☐	☐	☐	☐	☐	☐	☐
	seitliche Einfassung	☐	☐	☐	☐	☐	☐	☐	☐
	ausreichender Überstand zur Fassade	☐	☐	☐	☐	☐	☐	☐	☐
	Tropfkante an Vorderseite	☐	☐	☐	☐	☐	☐	☐	☐
46	**Rollläden**								
	Musterübereinstimmung Baubeschreibung	☐	☐	☐	☐	☐	☐	☐	☐
	Vollständiges Aufrollen im Kasten	☐	☐	☐	☐	☐	☐	☐	☐
	Mit Stoppern versehen	☐	☐	☐	☐	☐	☐	☐	☐
	Alle Lamellen waagerecht	☐	☐	☐	☐	☐	☐	☐	☐
	Farbton	☐	☐	☐	☐	☐	☐	☐	☐
	Rollladenschienen lotrecht	☐	☐	☐	☐	☐	☐	☐	☐
	Anarbeitung Rollladenschienen oben/unten	☐	☐	☐	☐	☐	☐	☐	☐

Abnahme von gemeinschaftlichem Eigentum Fassade Die folgende Liste hilft Ihnen, wichtige Prüfpunkte bei der Abnahme des Sondereigentums nicht zu vergessen. Es handelt sich hierbei um Prüfpunkte, bei denen häufig Mängel gefunden werden. Punkte, die Sie überprüft haben, kreuzen Sie einfach an.	Fassade: z.B. Ost	Fassade:	Fassade:	Fassade:	Fassade:	Fassade:	Fassade:	Fassade:
47 Außentreppen								
Treppen								
Musterübereinstimmung Baubeschreibung	☐	☐	☐	☐	☐	☐	☐	☐
identische Antrittshöhen	☐	☐	☐	☐	☐	☐	☐	☐
Ebenheit	☐	☐	☐	☐	☐	☐	☐	☐
Kopfhöhen	☐	☐	☐	☐	☐	☐	☐	☐
Entwässerung/Bodenabläufe	☐	☐	☐	☐	☐	☐	☐	☐
Anschlüsse Fassade/Sockel/Terrasse	☐	☐	☐	☐	☐	☐	☐	☐
bei Kellertreppen: Umfassungsmauern	☐	☐	☐	☐	☐	☐	☐	☐
Übergänge Bodenbeläge	☐	☐	☐	☐	☐	☐	☐	☐
Eingelegte Gitterroste	☐	☐	☐	☐	☐	☐	☐	☐
Geländer								
Korrosion Geländer	☐	☐	☐	☐	☐	☐	☐	☐
Befestigung Geländer	☐	☐	☐	☐	☐	☐	☐	☐
Geländerhöhen	☐	☐	☐	☐	☐	☐	☐	☐
Handläufe/Befestigung	☐	☐	☐	☐	☐	☐	☐	☐
Handläufe/Oberfläche	☐	☐	☐	☐	☐	☐	☐	☐
Geflieste Treppe								
Musterübereinstimmung Baubeschreibung	☐	☐	☐	☐	☐	☐	☐	☐
Verlegemuster/Verlegerichtung	☐	☐	☐	☐	☐	☐	☐	☐
Fugenausbildung und Verlauf	☐	☐	☐	☐	☐	☐	☐	☐
Randsockel	☐	☐	☐	☐	☐	☐	☐	☐
Riffelungen gegen Rutschgefahr	☐	☐	☐	☐	☐	☐	☐	☐
Anarbeitungen an Bodenabläufe/Gitterroste	☐	☐	☐	☐	☐	☐	☐	☐
Farbton/Fliesenqualität	☐	☐	☐	☐	☐	☐	☐	☐
Montage/Befestigung (Klopftest)	☐	☐	☐	☐	☐	☐	☐	☐

Abnahme von gemeinschaftlichem Eigentum Fassade Die folgende Liste hilft Ihnen, wichtige Prüfpunkte bei der Abnahme des Sondereigentums nicht zu vergessen. Es handelt sich hierbei um Prüfpunkte, bei denen häufig Mängel gefunden werden. Punkte, die Sie überprüft haben, kreuzen Sie einfach an.	Fassade: z.B. Ost	Fassade:	Fassade:	Fassade:	Fassade:	Fassade:	Fassade:	Fassade:
48 Terrassen								
Terrassen allgemein								
Musterübereinstimmung Baubeschreibung	☐	☐	☐	☐	☐	☐	☐	☐
Ebenheit/leichtes Gefälle vom Haus weg	☐	☐	☐	☐	☐	☐	☐	☐
Entwässerung/Bodenabläufe	☐	☐	☐	☐	☐	☐	☐	☐
Anschlüsse Fassade/Sockel/Treppen	☐	☐	☐	☐	☐	☐	☐	☐
Übergänge Bodenbeläge	☐	☐	☐	☐	☐	☐	☐	☐
Anmodellierung Erdreich	☐	☐	☐	☐	☐	☐	☐	☐
Eingelegte Gitterroste	☐	☐	☐	☐	☐	☐	☐	☐
Geländer								
Befestigung Geländer	☐	☐	☐	☐	☐	☐	☐	☐
Korrosion Geländer	☐	☐	☐	☐	☐	☐	☐	☐
Geländerhöhen	☐	☐	☐	☐	☐	☐	☐	☐
Handläufe/Befestigung	☐	☐	☐	☐	☐	☐	☐	☐
Handläufe/Oberfläche	☐	☐	☐	☐	☐	☐	☐	☐
Geflieste Terrassen								
Musterübereinstimmung Baubeschreibung	☐	☐	☐	☐	☐	☐	☐	☐
Verlegemuster/Verlegerichtung	☐	☐	☐	☐	☐	☐	☐	☐
Fugenausbildung und Verlauf	☐	☐	☐	☐	☐	☐	☐	☐
Randsockel	☐	☐	☐	☐	☐	☐	☐	☐
Riffelungen gegen Rutschgefahr	☐	☐	☐	☐	☐	☐	☐	☐
Anarbeitungen an Bodenabläufe/Gitterroste	☐	☐	☐	☐	☐	☐	☐	☐
Farbton/Fliesenqualität	☐	☐	☐	☐	☐	☐	☐	☐
Montage/Befestigung (Klopftest)	☐	☐	☐	☐	☐	☐	☐	☐
Holzbohlenterrasse								
Musterübereinstimmung Baubeschreibung	☐	☐	☐	☐	☐	☐	☐	☐
Bohlenstärke	☐	☐	☐	☐	☐	☐	☐	☐

Abnahme von gemeinschaftlichem Eigentum Fassade Die folgende Liste hilft Ihnen, wichtige Prüfpunkte bei der Abnahme des Sondereigentums nicht zu vergessen. Es handelt sich hierbei um Prüfpunkte, bei denen häufig Mängel gefunden werden. Punkte, die Sie überprüft haben, kreuzen Sie einfach an.	Fassade: z.B. Ost	Fassade:	Fassade:	Fassade:	Fassade:	Fassade:	Fassade:	Fassade:
48 Terrassen								
Holzbohlenterrasse								
Bohlenmontage/Befestigung	☐	☐	☐	☐	☐	☐	☐	☐
Bohlenhinterlüftung	☐	☐	☐	☐	☐	☐	☐	☐
Bohlenverlegerichtung	☐	☐	☐	☐	☐	☐	☐	☐
Ebenheit	☐	☐	☐	☐	☐	☐	☐	☐
Holzschutzbehandlung	☐	☐	☐	☐	☐	☐	☐	☐
49 Balkone								
Balkone allgemein								
Musterübereinstimmung Baubeschreibung	☐	☐	☐	☐	☐	☐	☐	☐
Ebenheit/leichtes Gefälle vom Haus weg	☐	☐	☐	☐	☐	☐	☐	☐
Entwässerung/Bodenabläufe	☐	☐	☐	☐	☐	☐	☐	☐
Anschlüsse Fassade	☐	☐	☐	☐	☐	☐	☐	☐
Übergänge Bodenbeläge	☐	☐	☐	☐	☐	☐	☐	☐
eingelegte Gitterroste	☐	☐	☐	☐	☐	☐	☐	☐
Geländer								
Musterübereinstimmung Baubeschreibung	☐	☐	☐	☐	☐	☐	☐	☐
Befestigung Geländer	☐	☐	☐	☐	☐	☐	☐	☐
Korrosion Geländer	☐	☐	☐	☐	☐	☐	☐	☐
Verzinkungen/Farbanstriche	☐	☐	☐	☐	☐	☐	☐	☐
Geländerhöhen	☐	☐	☐	☐	☐	☐	☐	☐
Handläufe/Befestigung	☐	☐	☐	☐	☐	☐	☐	☐
Handläufe/Oberfläche	☐	☐	☐	☐	☐	☐	☐	☐
Geflieste Balkone								
Musterübereinstimmung Baubeschreibung	☐	☐	☐	☐	☐	☐	☐	☐
Verlegemuster/Verlegerichtung	☐	☐	☐	☐	☐	☐	☐	☐
Fugenausbildung und Verlauf	☐	☐	☐	☐	☐	☐	☐	☐

Abnahme von gemeinschaftlichem Eigentum Fassade Die folgende Liste hilft Ihnen, wichtige Prüfpunkte bei der Abnahme des Sondereigentums nicht zu vergessen. Es handelt sich hierbei um Prüfpunkte, bei denen häufig Mängel gefunden werden. Punkte, die Sie überprüft haben, kreuzen Sie einfach an.	Fassade: z.B. Ost	Fassade:	Fassade:	Fassade:	Fassade:	Fassade:	Fassade:	Fassade:
49 Balkone								
Geflieste Balkone								
Randsockel	☐	☐	☐	☐	☐	☐	☐	☐
Riffelungen gegen Rutschgefahr	☐	☐	☐	☐	☐	☐	☐	☐
Anarbeitungen an Bodenabläufe/Gitterroste	☐	☐	☐	☐	☐	☐	☐	☐
Farbton/Fliesenqualität	☐	☐	☐	☐	☐	☐	☐	☐
Montage/Befestigung (Klopftest)	☐	☐	☐	☐	☐	☐	☐	☐
Holzbohlen-Balkone								
Bohlenstärke	☐	☐	☐	☐	☐	☐	☐	☐
Bohlenmontage/Befestigung	☐	☐	☐	☐	☐	☐	☐	☐
Bohlenhinterlüftung	☐	☐	☐	☐	☐	☐	☐	☐
Bohlenverlegerichtung	☐	☐	☐	☐	☐	☐	☐	☐
Ebenheit	☐	☐	☐	☐	☐	☐	☐	☐
Holzschutzbehandlung	☐	☐	☐	☐	☐	☐	☐	☐
50 Rinnen/Fallrohre								
Musterübereinstimmung Baubeschreibung	☐	☐	☐	☐	☐	☐	☐	☐
leichter Gefälleverlauf der Trauf-Rinnen	☐	☐	☐	☐	☐	☐	☐	☐
lotrechter Verlauf der Fallrohre	☐	☐	☐	☐	☐	☐	☐	☐
Metall: Korrosion/Abplatzungen	☐	☐	☐	☐	☐	☐	☐	☐
Kunststoff: Risse/Sprünge	☐	☐	☐	☐	☐	☐	☐	☐
Montage/Befestigung (Rütteltest)	☐	☐	☐	☐	☐	☐	☐	☐
Dehnungsausgleich der Rinnen	☐	☐	☐	☐	☐	☐	☐	☐
Unterspannbahn/Traufblech bis in Rinne	☐	☐	☐	☐	☐	☐	☐	☐
Montagepunkte der Rohre an Fassade	☐	☐	☐	☐	☐	☐	☐	☐
Abdichtung Montagepunkte	☐	☐	☐	☐	☐	☐	☐	☐
Anschluss Rohre an Sockel-Fallrohr	☐	☐	☐	☐	☐	☐	☐	☐
Schutz Sockel-Fallrohr gegen Rammung	☐	☐	☐	☐	☐	☐	☐	☐

Abnahme von gemeinschaftlichem Eigentum Fassade Die folgende Liste hilft Ihnen, wichtige Prüfpunkte bei der Abnahme des Sondereigentums nicht zu vergessen. Es handelt sich hierbei um Prüfpunkte, bei denen häufig Mängel gefunden werden. Punkte, die Sie überprüft haben, kreuzen Sie einfach an.	Fassade: z.B. Ost	Fassade:	Fassade:	Fassade:	Fassade:	Fassade:	Fassade:	Fassade:
50 Rinnen/Fallrohre								
Rinnenvorderkante tiefer als Rückkante	☐	☐	☐	☐	☐	☐	☐	☐
durchgängig nur eine Metallart verwandt	☐	☐	☐	☐	☐	☐	☐	☐
51 Steildach								
Traufkante								
falls vorhanden: Traufverschalung	☐	☐	☐	☐	☐	☐	☐	☐
Dichtigkeit aller Anschlusspunkte	☐	☐	☐	☐	☐	☐	☐	☐
Montage/Befestigung Traufverschalung	☐	☐	☐	☐	☐	☐	☐	☐
falls sichtbar: Sparren-Enden (Sitz/Risse)	☐	☐	☐	☐	☐	☐	☐	☐
Auskleidung Sparrenzwischenräume	☐	☐	☐	☐	☐	☐	☐	☐
Montage/Befestigung Sparren-Enden	☐	☐	☐	☐	☐	☐	☐	☐
bei hinterlüftetem Dach: Lufteintrittsöffnung	☐	☐	☐	☐	☐	☐	☐	☐
Unterspannbahn	☐	☐	☐	☐	☐	☐	☐	☐
Traufblech (Montage/Sitz/Korrosion)	☐	☐	☐	☐	☐	☐	☐	☐
Dachüberstand wie geplant (messen!)	☐	☐	☐	☐	☐	☐	☐	☐
Anarbeitung Hausfassade an Traufe	☐	☐	☐	☐	☐	☐	☐	☐
Schneefanggitter (Montage/Sitz/Korrosion)	☐	☐	☐	☐	☐	☐	☐	☐
Ortgang								
falls vorhanden: Ortgangblech	☐	☐	☐	☐	☐	☐	☐	☐
Dichtigkeit aller Anschlusspunkte	☐	☐	☐	☐	☐	☐	☐	☐
Zustand Ortgangziegel	☐	☐	☐	☐	☐	☐	☐	☐
Montage/Befestigung Pfettenköpfe	☐	☐	☐	☐	☐	☐	☐	☐
falls sichtbar: Pfettenköpfe (Sitz/Risse)	☐	☐	☐	☐	☐	☐	☐	☐
Anarbeitung Hausfassade an Pfettenköpfe	☐	☐	☐	☐	☐	☐	☐	☐
Dachüberstand wie geplant (Messen)	☐	☐	☐	☐	☐	☐	☐	☐
Anarbeitung Hausfassade an Ortgang	☐	☐	☐	☐	☐	☐	☐	☐

Abnahme von gemeinschaftlichem Eigentum Fassade Die folgende Liste hilft Ihnen, wichtige Prüfpunkte bei der Abnahme des Sondereigentums nicht zu vergessen. Es handelt sich hierbei um Prüfpunkte, bei denen häufig Mängel gefunden werden. Punkte, die Sie überprüft haben, kreuzen Sie einfach an.	Fassade: z.B. Ost	Fassade:	Fassade:	Fassade:	Fassade:	Fassade:	Fassade:	Fassade:
51 Steildach								
First								
Geradeliniger Verlauf (kein Durchhängen)	☐	☐	☐	☐	☐	☐	☐	☐
bei Ziegeldeckung: Firstziegelbefestigung	☐	☐	☐	☐	☐	☐	☐	☐
Blitzschutz montiert an höchstem Punkt	☐	☐	☐	☐	☐	☐	☐	☐
bei Blechdeckung: kein Stoßpunkt am First	☐	☐	☐	☐	☐	☐	☐	☐
Dachdeckung								
Musterübereinstimmung Baubeschreibung	☐	☐	☐	☐	☐	☐	☐	☐
gleichmäßge Verlegung	☐	☐	☐	☐	☐	☐	☐	☐
saubere Abschlüsse/kein Flickwerk	☐	☐	☐	☐	☐	☐	☐	☐
Fester Sitz der Ziegel	☐	☐	☐	☐	☐	☐	☐	☐
Trittstufen für Schornsteinfeger	☐	☐	☐	☐	☐	☐	☐	☐
zusätzliche Ziegel für Reparatur vorhanden	☐	☐	☐	☐	☐	☐	☐	☐
Entlüftungen								
rundum dichte Einbindung	☐	☐	☐	☐	☐	☐	☐	☐
Rohroberfläche (Kratzer/Risse)	☐	☐	☐	☐	☐	☐	☐	☐
Korrosion	☐	☐	☐	☐	☐	☐	☐	☐
durchgängig eine Metallart verwandt	☐	☐	☐	☐	☐	☐	☐	☐
Wetterschutz auf dem Rohrkopf	☐	☐	☐	☐	☐	☐	☐	☐
Montage stabil	☐	☐	☐	☐	☐	☐	☐	☐
Schornstein								
Anarbeitung an Dachfläche	☐	☐	☐	☐	☐	☐	☐	☐
bei Mauerung: Fugenstärke und -verlauf	☐	☐	☐	☐	☐	☐	☐	☐
bei hohen Schornsteinen: Sicherungsanker	☐	☐	☐	☐	☐	☐	☐	☐
falls vorhanden: Schutzdach Schornstein	☐	☐	☐	☐	☐	☐	☐	☐
lotrechter Verlauf	☐	☐	☐	☐	☐	☐	☐	☐

Abnahme von gemeinschaftlichem Eigentum Fassade

Die folgende Liste hilft Ihnen, wichtige Prüfpunkte bei der Abnahme des Sondereigentums nicht zu vergessen. Es handelt sich hierbei um Prüfpunkte, bei denen häufig Mängel gefunden werden. Punkte, die Sie überprüft haben, kreuzen Sie einfach an.

	Fassade: z.B. Ost	Fassade:	Fassade:	Fassade:	Fassade:	Fassade:	Fassade:	Fassade:
52 Flachdach								
Attika								
Oberfläche (Kratzer/Risse)	☐	☐	☐	☐	☐	☐	☐	☐
Korrosion	☐	☐	☐	☐	☐	☐	☐	☐
durchgängig eine Metallart verwandt	☐	☐	☐	☐	☐	☐	☐	☐
Blechverkleidung mit Abstand zu Hauswand	☐	☐	☐	☐	☐	☐	☐	☐
Verkleidung außen mit Tropfkante	☐	☐	☐	☐	☐	☐	☐	☐
Verkleidung mit Gefälle zum Flachdach	☐	☐	☐	☐	☐	☐	☐	☐
dichter Anschluss an Dachbahnen innen	☐	☐	☐	☐	☐	☐	☐	☐
Vorstoß- u. Abdeckblech fest ineinander	☐	☐	☐	☐	☐	☐	☐	☐
Montage stabil gegen Wind etc.	☐	☐	☐	☐	☐	☐	☐	☐
Ecken und Kanten dicht und überlappt	☐	☐	☐	☐	☐	☐	☐	☐
Stöße dicht	☐	☐	☐	☐	☐	☐	☐	☐
Attikahöhe innen ausreichend (15–20 cm)	☐	☐	☐	☐	☐	☐	☐	☐
Durchstoßpunkte Rinnen dicht	☐	☐	☐	☐	☐	☐	☐	☐
Dachbelag								
Kiesschüttung/Kieselmaterial	☐	☐	☐	☐	☐	☐	☐	☐
Kiesschüttung/Kieselgröße	☐	☐	☐	☐	☐	☐	☐	☐
Kiesschüttung/Höhe	☐	☐	☐	☐	☐	☐	☐	☐
Kiesschüttung/gleichmäßige Verteilung	☐	☐	☐	☐	☐	☐	☐	☐
bei Substratschüttung Kornsubstanz	☐	☐	☐	☐	☐	☐	☐	☐
bei Substratschüttung Korngröße	☐	☐	☐	☐	☐	☐	☐	☐
bei Substratschüttung Höhe	☐	☐	☐	☐	☐	☐	☐	☐
bei Substratschüttung gleichmäßige Verteilung	☐	☐	☐	☐	☐	☐	☐	☐
Substratsubstanz	☐	☐	☐	☐	☐	☐	☐	☐

Abnahme von gemeinschaftlichem Eigentum Fassade

Die folgende Liste hilft Ihnen, wichtige Prüfpunkte bei der Abnahme des Sondereigentums nicht zu vergessen. Es handelt sich hierbei um Prüfpunkte, bei denen häufig Mängel gefunden werden. Punkte, die Sie überprüft haben, kreuzen Sie einfach an.

	Fassade: z.B. Ost	Fassade:	Fassade:	Fassade:	Fassade:	Fassade:	Fassade:	Fassade:
52 Flachdach								
Dacheinläufe								
rundum dichte Einbindung	☐	☐	☐	☐	☐	☐	☐	☐
frei von Schmutz	☐	☐	☐	☐	☐	☐	☐	☐
ohne Beschädigungen	☐	☐	☐	☐	☐	☐	☐	☐
Montage stabil	☐	☐	☐	☐	☐	☐	☐	☐
Gefälleausbildung rundum	☐	☐	☐	☐	☐	☐	☐	☐
Laubschutz vorhanden	☐	☐	☐	☐	☐	☐	☐	☐
Entlüftungen								
rundum dichte Einbindung	☐	☐	☐	☐	☐	☐	☐	☐
Rohroberfläche (Kratzer/Risse)	☐	☐	☐	☐	☐	☐	☐	☐
Korrosion	☐	☐	☐	☐	☐	☐	☐	☐
durchgängig eine Metallart verwandt	☐	☐	☐	☐	☐	☐	☐	☐
Wetterschutz auf dem Rohrkopf	☐	☐	☐	☐	☐	☐	☐	☐
Montage stabil	☐	☐	☐	☐	☐	☐	☐	☐
Schornstein								
Anarbeitung an Dachfläche	☐	☐	☐	☐	☐	☐	☐	☐
bei Mauerung: Fugenstärke und -verlauf	☐	☐	☐	☐	☐	☐	☐	☐
bei hohen Schornsteinen: Sicherungsanker	☐	☐	☐	☐	☐	☐	☐	☐
falls vorhanden: Schutzdach Schornstein	☐	☐	☐	☐	☐	☐	☐	☐
lotrechter Verlauf	☐	☐	☐	☐	☐	☐	☐	☐
Oberlichter								
Musterübereinstimmung Baubeschreibung	☐	☐	☐	☐	☐	☐	☐	☐
rundum dichte Einbindung	☐	☐	☐	☐	☐	☐	☐	☐
höher als umgebende Dachfläche montiert	☐	☐	☐	☐	☐	☐	☐	☐
Öffnungsmechanismus	☐	☐	☐	☐	☐	☐	☐	☐
Oberfläche (Kratzer)	☐	☐	☐	☐	☐	☐	☐	☐
Glaseinfassung	☐	☐	☐	☐	☐	☐	☐	☐

Abnahme von gemeinschaftlichem Eigentum Fassade Die folgende Liste hilft Ihnen, wichtige Prüfpunkte bei der Abnahme des Sondereigentums nicht zu vergessen. Es handelt sich hierbei um Prüfpunkte, bei denen häufig Mängel gefunden werden. Punkte, die Sie überprüft haben, kreuzen Sie einfach an.	Fassade: z.B. Ost	Fassade:	Fassade:	Fassade:	Fassade:	Fassade:	Fassade:	Fassade:
52 Flachdach								
Oberlichter								
Falzdichtung bei beweglichem Oberlicht	☐	☐	☐	☐	☐	☐	☐	☐
Feststellungsmechanismus	☐	☐	☐	☐	☐	☐	☐	☐
Dachterrassen								
Musterübereinstimmung Baubeschreibung	☐	☐	☐	☐	☐	☐	☐	☐
keine Durchstoßpunkte durch Dachhaut	☐	☐	☐	☐	☐	☐	☐	☐
Dachhaut an allen Anschlusspunkten dicht	☐	☐	☐	☐	☐	☐	☐	☐
Boden mit Gefälle mit Wasserabläufen	☐	☐	☐	☐	☐	☐	☐	☐
Notablauf	☐	☐	☐	☐	☐	☐	☐	☐
Dachterrassenbelag Musterübereinstimmung	☐	☐	☐	☐	☐	☐	☐	☐
Dachterrassenbelag (Sprünge/Korrosion)	☐	☐	☐	☐	☐	☐	☐	☐
Geländermontage nicht durch Dachhaut	☐	☐	☐	☐	☐	☐	☐	☐
Geländermontage stabil	☐	☐	☐	☐	☐	☐	☐	☐
Geländer Korrosion	☐	☐	☐	☐	☐	☐	☐	☐
53 Tiefgaragendach								
Entwässerung	☐	☐	☐	☐	☐	☐	☐	☐
Bepflanzung nach Baubeschreibung	☐	☐	☐	☐	☐	☐	☐	☐
Abnahmeprotokoll Abdichtung vorgelegt	☐	☐	☐	☐	☐	☐	☐	☐
Statische Eignung für Dachaufbau vorhanden	☐	☐	☐	☐	☐	☐	☐	☐
Statische Eignung für Dachbelastung vorhanden	☐	☐	☐	☐	☐	☐	☐	☐

3.3 Die fertiggestellte Neubauwohnung

Viele Angebote auf dem Markt betreffen bereits fertiggestellte Neubauwohnungen. Natürlich ist es für einen Bauträger eigentlich günstiger, die späteren Kunden noch vor Baustart unter Vertrag zu haben, damit er so wenig wie möglich vorfinanzieren muss, aber nicht immer lassen sich kaufwillige Interessenten hierauf ein. Oft springen Interessenten auch noch während der Bauphase ab und machen so wiederum Platz für neue Interessenten, die dann direkt eine fertige Wohnung besichtigen können. Mancher Bauträger wiederum möchte sich auf die komplexen Regelungen der MaBV nicht einlassen und bietet nur fertig errichtete Produkte an. Oft wird auch übersehen, dass es aus organisatorischen Gründen sehr viel einfacher ist, ein Gebäude zunächst komplett schlüsselfertig zu errichten und dann auf den Markt zu bringen. Hierdurch werden erhebliche Zeit- und Planungsaufwendungen eingespart, weil der Kunde Fliesen etc. nicht mehr individuell wählen kann, sondern vor vollendete Tatsachen gestellt wird, von der Innenausstattung bis zur Gartenanlage. Und schließlich verkaufen sich fertiggestellte Objekte sehr viel besser als projektierte, die zunächst nur auf dem Papier existieren.

Abb. 15: Was ist beim Kauf einer Wohnung zu beachten, die gerade erst fertig gestellt wurde?

3.3.1 Die Gebäude- und Wohnungsbesichtigung

Die Gebäude- und Wohnungsbesichtigung einer bereits fertiggestellten Neubauwohnung läuft nicht sehr viel anders ab als die Besichtigung eines Gebrauchtobjekts. Bei fertiggestellten Objekten sehen Sie in der Regel nur noch die Oberflächengewerke des Gebäudes. Da Wände z. B.

meist verputzt und schon tapeziert sind, ist es schwierig herauszufinden, welcher Mauerstein wirklich verbaut wurde. Es bleibt Ihnen daher nicht sehr viel anderes übrig, als diese sichtbaren Oberflächengewerke mit dem zu vergleichen, was Ihnen laut Exposé bzw. Baubeschreibung benannt wird. Gerade bei der Besichtigung von fertiggestellten Neubauwohnungen ist es daher sehr wichtig, sich vor der Besichtigung unbedingt das Exposé und die Baubeschreibung des Objekts kommen zu lassen, um in Ruhe auflisten zu können, welche Ausstattungen Hauskonstruktion, Haustechnik und Innenausbau haben sollen. Es ist sinnvoll, sich dies übersichtlich aufzulisten, beispielsweise als Raumbuch, so dass Sie wissen, welche Elektroausstattung sie erwarten dürfen, welche Sanitärausstattung, welches Heizungssystem, welche Wandverkleidung, welche Bodenbeläge, welches Türwerk etc. Hierbei sollten Sie dezidiert überprüfen können, ob die im Exposé oder in der Baubeschreibung genannten Produkte auch eingebaut sind. Ist die Baubeschreibung sehr ungenau gehalten, können Sie diese auch vom Bauträger überarbeiten lassen, indem er Ihnen eine Beschreibung der tatsächlich verwendeten Materialien und Ausführungsarten liefert.

Besonders interessant ist bei der Besichtigung von bereits fertiggestellten Neubauten immer auch die Möglichkeit, die Bauqualität direkt überprüfen zu können, beispielsweise das dichte Schließen von Fenstern, die Oberfläche von Fußböden, die Stabilität von Treppengeländern, den Sitz von Türzargen, den Anschluss von Heizkörpern etc. Unbedingt auch sollten Sie die Gelegenheit der Besichtigung nutzen, um die Schallschutzqualität zu überprüfen. Hierbei ist zu empfehlen, dass Sie zu zweit zu einer Besichtigung gehen. Während die eine Person sich im Wohnungsgeschoss bewegt, kann die zweite Person ein Geschoss darüber mit Trittgeräuschen eine Schallüberprüfung ermöglichen. Gleiches gilt für die Schallüberprüfung hinsichtlich der WC-Spülung oder dem Schließen von Türen etc. Sie können auch ein kleines Radio mitnehmen und es anstellen, während eine andere Person im Nachbarzimmer auf die Schallübertragung achtet.

Falls die eine oder andere Nachbarwohnung bereits bezogen ist, empfiehlt es sich auch, dort ruhig einmal zu klingeln, sich als Interessent einer der Nachbarwohnungen kurz vorzustellen und das Gespräch über Vor- und Nachteile des Hauses zu suchen. Dies gibt Ihnen auch die Gelegenheit einer Begegnung mit den vielleicht zukünftigen Nachbarn.

3.3.2 Die Aufschlüsselung des Kaufpreises

Die fertiggestellte Neubauwohnung ist nichts weiter als die projektierte Neubauwohnung eines Bauträgers in fortgeschrittenem Stadium. Neben den Belastungen, die für den Bauträger bei einer projektierten Neubauwohnung anfallen, kommt bei einer bereits fertiggestellten Neubauwohnung allerdings noch die zwischenzeitlich mit Zinslast erbrachte Bauvorleistung hinzu. Diese Zinslast addiert sich zusätzlich noch zu den unter Kapitel 3.2.6 genannten Kostenanteilen Ihrer Wohnung:

- Anteile am Gemeinschaftseigentum (insbesondere Grundstück)
- Baukosten
- Baunebenkosten
- Gewinnmitnahme des Bauträgers

Im Vergleich zu anderen Wohnungen müssen Sie hier ebenfalls wie in Kapitel 3.2.5 erläutert vergleichen:

- Wie ist die Lage der Eigentumswohnung?
- Wie groß ist die Grundfläche der Eigentumswohnung gemäß Wohnflächenverordnung (WoFlV)?
- Welche technische Ausstattung (z. B. Heizungsart), materielle Ausstattung (z. B. Parkettboden) und konstruktive Ausstattung (z. B. mehrere Balkone oder Galerie mit Wendeltreppe) hat die Wohnung?
- Wie groß ist das Grundstück, auf dem das Gebäude steht?
- Wie viele Eigentumsparteien werden in das Haus einziehen?
- Gibt es kostenintensive gemeinschaftliche Sonderausstattungen wie Aufzug, Tiefgarage oder Swimmingpool?

3.3.3 Der Kaufvertrag einer Neubauwohnung

Wird eine vom Bauträger bereits fertiggestellte Neubauwohnung gekauft, handelt es sich hierbei nicht wie bei einer Bestandswohnung um einen Kaufvertrag im Sinne des BGB §§ 433ff, sondern, wie bei einer projektierten Neubauwohnung, um einen Werkliefervertrag gemäß BGB §§ 631ff. Die im Vertrag in keinem Fall zu vergessenden Punkte sind daher identisch mit den unter Kapitel 3.2.6 genannten Bestandteilen:

- Der Kaufvertrag selbst mit Bezugsfertigkeit, Übergaberegelung, Gewährleistungsregelung, Belastungen des Grundstücks, Auflassungsvormerkung.
- Der Zahlungsplan inklusive Regelungen einer technischen Abnahme der erbrachten Leistungen.
- Bau- und Leistungsbeschreibung inklusive Wärmeschutz- und Schallschutznachweisen.
- Sonderwunsch- und Bemusterungsunterlagen.
- Möglichst die Werkplanung des zu erstellenden Gebäudes im Maßstab 1:50 inklusive Detaildarstellungen.
- Die Teilungserklärung in 1000stel Aufteilung des Gebäudes, textlich und zeichnerisch inklusive Gemeinschaftsordnung und Gebrauchsregelung sowie Sondernutzungsrechten unter Nachweis, dass diese im Grundbuch eingetragen sind.

3.3.4 Die Entgegennahme von Sondereigentum

Bei der Entgegennahme einer Neubauwohnung sollten Sie auf einer förmlichen Entgegennahme der Bauleistung bestehen. Die Entgegennahme dieser Leistung durch Sie hat erhebliche, rechtliche Folgen. Zu nennen ist hier insbesondere der Beginn der Gewährleistungszeit sowie die Beweislastumkehr vom Bauträger auf Sie, d.h. vor der Entgegennahme muss der Bauträger Ihnen nachweisen, dass ihn an einer mangelhaften Ausführung keine Schuld trifft. Nach der Entgegennahme müssen Sie ihm nachweisen, dass er verantwortlich für einen eventuellen Mangel ist. Dies ist in der Praxis nicht immer eindeutig und zweifelsfrei machbar.

Bei der Entgegennahme sollte grundsätzlich Protokoll geführt werden. Es ist jedoch streng darauf zu achten, dass nur ein einziges Protokoll geführt wird, das anschließend alle Seiten als verbindlich anerkennen und unterschreiben. Jeder Teilnehmer erhält am Ende des Termins einen Durchschlag des unterzeichneten Protokolls. Zur Sicherheit können auch die Durchschläge nochmals original unterzeichnet werden.

Gehen Sie bei der Entgegnnahme der Bauleistung raumweise durch die Wohnung und lassen Sie sich all diejenigen Dinge im Protokoll vorbehalten, die Ihnen als unsachgemäß ausgeführte Leistung und als nicht funktionierend auffallen. Lassen Sie auch ins Protokoll eintragen, welche Bereiche Sie eventuell nicht sehen oder nicht betreten konnten.

Insofern es zu strittigen Punkten über erbrachte Leistungen kommt, sollten Sie diese im Protokoll vorbehalten lassen. Sie können im Protokoll auch die unterschiedlichen Standpunkte zwischen Ihnen und dem Bauträger mit aufnehmen. Diese können z.B. als vorbehalten gelten, bis ein unabhängiger, öffentlich bestellter und vereidigter Sachverständiger den Sachverhalt geklärt hat.
Lassen Sie sich nicht unter Zeitdruck setzen. Falls es Ihr Bauträger bei der Abnahme sehr eilig hat, schlagen Sie z.B. in aller Ruhe den Abbruch des laufenden Termins und die Neuterminierung der Abnahme vor.

Gehen Sie einige Tage zuvor in Ruhe alleine durch das Sondereigentum (also Ihre zukünftige Wohnung, soweit Sie sie betreten können) und sehen Sie dieses gut an. Machen Sie sich über alle Dinge, die Ihnen auffallen Notizen. So können Sie den Abnahmetermin in Ruhe vorbereiten.

Nutzen Sie für die Abnahme des Sondereigentums die diesbezüglichen Checklisten aus Kapitel 3.2.7 des vorliegenden Buches. Darin sind alle wichtigen Prüfpunkte vermerkt.

3.3.5 Die Entgegennahme von gemeinschaftlichem Eigentum

Es kann sein, dass zum Zeitpunkt Ihres Einzuges in das Wohnobjekt die Abnahme des gemeinschaftlichen Eigentums bereits erfolgt ist. Ist dies der Fall, wird diese natürlich nicht mehr gesondert nur noch mit Ihnen durchgeführt. Die Gewährleistungszeit hierfür läuft dann bereits, im Gegensatz zu Ihrem Sondereigentum, also Ihrer Wohnung, deren Gewährleistungsfrist erst mit Ihrem Einzug zu laufen beginnt. Sie sollten sich im Falle, dass das gemeinschaftliche Eigentum bereits abgenommen ist, zur Sicherheit das Protokoll der seinerzeitigen Abnahme bzw. Entgegennahme aushändigen lassen. Soweit schon ein WEG-Verwalter eingesetzt ist, wird dieser das Protokoll hierzu haben. Von ihm können Sie sich auch eine Übersicht der eventuell schon laufenden Gewährleistungsfristen aufstellen lassen. Es kann auch sinnvoll sein, dann selbst nochmals mit Aufmerksamkeit durch das gemeinschaftliche Eigentum zu gehen und dem WEG-Verwalter Dinge, die Ihnen auffallen, schriftlich mitzuteilen.

Ist die Abnahme noch nicht erfolgt, nutzen Sie für die Abnahme des gemeinschaftlichen Eigentums die Checklisten aus Kapitel 3.2.8 des vorliegenden Buches. Sie finden darin alle wichtigen Prüfpunkte.

4 Wichtige technische Daten und Unterlagen zum Kauf

Neben der Objektbesichtigung bzw. den Baustellenbegehungen oder auch dem Planstudium einer gebrauchten, neu fertiggestellten oder projektierten Eigentumswohnung benötigen Sie für Ihre Kaufentscheidung auch eine ganze Reihe weiterer Unterlagen. Die wichtigsten dieser Unterlagen werden nachfolgend vorgestellt.

4.1 Die Baubeschreibung

Die Baubeschreibung ist derjenige Bestandteil eines Bauträgervertrages, in dem fixiert wird, welche baulichen Leistungen Ihnen vertraglich zugesichert werden. Bei der Baubeschreibung ist es daher sehr wichtig, dass in deren Text nicht mit allgemeinen Floskeln gearbeitet wird wie »hochwertige« Sanitärgegenstände oder »exquisite« Badezimmerausstattung in »italienischem Design« und Ähnliches. Denn dies birgt für Sie die Gefahr, dass Sie keinen Rechtsanspruch auf ein klar definiertes Markenprodukt erwerben.

Leider sind aber gerade Baubeschreibungen häufig extrem unexakt und lückenhaft, was dazu führt, dass Sie keine rechtlich und technisch exakten Definitionen enthalten. Würde man die Qualität einer durchschnittlichen Baubeschreibung in Deutschland auf eine Automobilbeschreibung beim Kauf eines Autos übertragen, würde sich dies etwa wie folgt lesen:

> *»Sie erwerben ein Fahrzeug mit moderner Karosserie und Türen zum Einsteigen sowie Schiebedach zum Öffnen. Im Fahrzeuginnern befinden sich angenehme Sitze und ein schönes Armaturenbrett. Farbe, Form und Ausstattung nach Wahl des Fahrzeugherstellers. Das Fahrzeug wird mit einem Fahrgestell, einem Motor und einem Getriebe geliefert. Das Fahrgestell hat vier sportliche Räder, der Motor mehrere Zylinder und das Getriebe einige Vorwärtsgänge sowie einen Rückwärtsgang zum Rückwärtsfahren. Die technische Ausstattung des Fahrzeugs entspricht gültigen Normen. Das Fahrzeug ist von so hoher Qualität, dass es sogar vom TÜV für den Straßenverkehr zugelassen wurde. Ausstattungsänderungen durch den Hersteller sind jederzeit möglich und berechtigen nicht zur Minderung des Kaufpreises. Dieser beträgt 35.000.- Euro. Das Fahrzeug wird in Raten bezahlt, nach Fortschritt der Fahrzeugfabrikation. Wann welcher Fabrikationsstand erreicht ist, bestimmt der Hersteller und teilt es Ihnen mit. Das Betreten der Fabrikationsanlage ist nur mit vorheriger schriftlicher Genehmigung und unter Aufsicht gestattet.*
> *Der Übergabetermin des Fahrzeugs wird Ihnen zehn Tage im Voraus mitgeteilt. Sollten Sie zur Übergabe verhindert sein, gilt das Fahrzeug als wunschgemäß abgenommen.«*

Leider ist das Beispiel nicht übertrieben. Nachfolgend sind einige typische Begriffe aus Bauträgerbeschreibungen aufgeführt und was sie bedeuten können:

Beispiele typischer Formulierungen in Baubeschreibungen

Was Sie lesen:	Was es bedeuten kann:
Ausführung nach DIN	Mindestanforderungen, die ohnehin nicht unterschritten werden dürfen
Ausführung nach Statik	unter den möglichen Ausführungen wird die billigste gewählt
Schallschutz nach DIN	absolut nichtssagend, denn es gibt kaum Anforderungen an Einfamilienhäuser
Abweichungen von der Baubeschreibung durch behördliche Auflagen, aus wirtschaftlichen, technischen oder architektonischen Gründen werden vorbehalten und stellen keine Wertminderung dar.	Diese Baubeschreibung ist als Anregung zu verstehen. Was wir letzt endlich bauen, ist unsere Sache.
erfüllt die neue Energieeinsparverordnung 2002	Mindestanforderungen, die seit 2002 ohnehin nicht unterschritten werden dürfen
Deutsche Markenprodukte	das billigste deutsche Angebot
Hersteller »...« oder gleichwertig	das billigste Produkt kommt zur Ausführung
energiesparend, hochwertig, erstklassige Bauweise	vollkommen nichts sagend

Typische Formulierungen in Baubeschreibungen

In eine Baubeschreibung gehören klare Fakten und konkrete Bau-, Material- und Konstruktionsdaten: Fabrikate, Marken, Muster, Maße, DIN-Normen usw. Nur so erhalten Sie eine inhaltlich stichhaltige Baubeschreibung, über die Sie nachher auch zu erbringende Leistungen klar einfordern können.

Mit den nachfolgenden Fragen können Sie die Vollständigkeit von Ihnen vorliegenden Baubeschreibungen überprüfen.

Fragen zur Vollständigkeit einer Baubeschreibung

Gründung und Bodenplatte

- Erfolgt die Gründung als Plattengründung oder mittels Fundamente?
- Wie ist der Schichtenaufbau unter der Bodenplatte?
- Liegt die Wärmedämmung beheizter Kellerräume oberhalb oder unterhalb des Kellerbodens?
- Kellerwände und Abdichtung gegen nicht drückendes Wasser
- Aus welchem Material sind die Kellerwände?
- Wo liegt die Wärmedämmung beheizter Kellerräume?
- Auf welche Weise erfolgt die Abdichtung gegen Feuchtigkeit?
- Aus welchem Material sind die Kellerinnenwände?

Drainage

- Wie wird die Drainage ausgeführt?

Kellerfenster und Lichtschächte

- Aus welchem Material sind Kellerfenster unbeheizter Räume?
- Aus welchem Material sind Kellerfenster beheizter Räume?
- Aus welchem Material sind die Lichtschächte?

Außenwände allgemein

- In welcher Weise werden die Außenwände ausgeführt?
- Welche Materialien werden verwendet?

Decken

- Auf welche Weise werden die einzelnen Geschossdecken ausgeführt?
- Welche Materialien werden verwendet?

Innenwände in Erdgeschoss, Obergeschoss und Dachgeschoss

- Aus welchem Material sind die tragenden Innenwände?
- Aus welchem Material sind die nichttragenden Innenwände?

Innentreppe

- Aus welchem Material wird die Innentreppe ausgeführt?
- Wieviel Stufen haben die einzelnen Läufe?
- Wie ist das Steigungsverhältnis der Treppenläufe (Auftritt und Steigung)?
- Werden Zwischenpodeste ausgeführt?

- Aus welchem Material ist der Oberbelag der Treppe?
- Aus welchem Material ist die Brüstung und der Handlauf?
- Wie wird der Zugang in einen eventuellen Spitzboden hergestellt?

Dachkonstruktion

- In welcher Konstruktion wird der Dachstuhl ausgeführt?
- Welche Dachneigung hat der Dachstuhl?
- Aus welchem Material bestehen die Mittelpfetten (z.B. Leimbinder)
- Welche Holzquerschnitte sind vorgesehen?
- Welche Dachüberstände sind geplant?
- Werden sichtbare Sparrenköpfe gehobelt oder profiliert?
- In welcher Weise wird die Untersicht der Dachüberstände ausgeführt und mit welchen Oberflächenbehandlungen werden sie versehen?

Dachdämmung

- Aus welchem Material besteht die Dachdämmung (Material, Dicke, Wärmeleitfähigkeit)?
- Wie ist der Dämmschichtaufbau (Sparren-Zwischendämmung, oberhalb der Sparren, unterhalb der Sparren)?
- Aus welchem Material ist die Dampfbremse?
- Raumseitige Innenverkleidung der Dachschrägen?
- Aus welchem Material ist die Verkleidung der Dachschrägen?
- Aus welchem Material ist die Unterkonstruktion?

Dachdeckung

- Aus welchem Material ist die Dachdeckung?
- Auf welche Weise werden Ortgänge, First, Dachentlüftungen ausgeführt?

Dachzubehör

- Werden Schneefanggitter, Sicherheitstritte oder ein Standrost für den Schornsteinfeger benötigt?
- Wird ein spezielles Austrittsfenster für den Schornsteinfeger benötigt?

Balkon

- Ist ein Balkon vorgesehen?
- Wie wird der Balkon ausgeführt?
- Wie wird die Abdichtung des Balkons ausgeführt?

- Wie wird der Balkon entwässert?
- Welcher Oberbelag wird verwendet?
- Wie wird das Balkongeländer ausgeführt?

Klempner bzw. Blechnerarbeiten

- Aus welchem Material sind Dachrinnen, Fallrohre, Kehlbleche
- Mit welchem Material werden Gauben verkleidet?
- Aus welchem Material sind die Befestigungsmittel- und -elemente?

Fenster und Fenstertüren, Fensterbänke

- Aus welchem Material sind Fenster und Fenstertüren (Holz, Kunststoff, Aluminium)?
- Welche Qualität hat die Verglasung (U-Wert, Schalldämm-Maß, Einbruchschutz)?
- Welche Beschläge kommen zum Einsatz (Dreh-Beschlag, Dreh-Kipp-Beschlag)?
- Wie werden die Zwischenräume zwischen Fenster und Bauwerk gefüllt?
- Wie wird die Luftdichtigkeit des Bauwerksanschlusses hergestellt?
- Welche Fenstergriffe werden verwendet?
- Wie werden die Außenfensterbänke ausgeführt (Material, Tiefe)?
- Wie werden die Innenfensterbänke ausgeführt (Material, Tiefe)?

Rollladenkästen, Rollläden

- Welche Rollläden kommen zum Einsatz?
- Wo kommen Rollläden zum Einsatz?
- Wie werden die Rollläden bedient?
- Sind elektrische Rollläden vorgesehen?
- Sind Außenmarkisen geplant?

Hauseingangsbereich

- Soll ein Vordach vorgesehen werden?
- Aus welchem Material ist das Vordach?
- Aus welchem Material sind Briefkasten, Hausnummer, Beleuchtung?
- Welche Klingelanlage kommt zum Einsatz?
- Wie soll das Eingangspodest ausgeführt werden?
- Was für ein Hauseingangstürelement kommt zum Einsatz (Material, U-Wert bei Verglasung, Beschläge, Schloss, Griffe außen und innen)?

Telefon, Antenne, Klingelanlage, Elektroinstallation

- In welchen Räumen soll ein Telefonanschluss vorgesehen werden?
- In welchen Räumen soll ein Antennenanschluss vorgesehen werden?
- Wieviele Gegensprechstellen für die Klingelanlage sollen vorgesehen werden?

Elektroinstallation

- Wieviele Schalter und Steckdosen werden benötigt?
- Welches Schalterprogramm kommt zum Einsatz?
- Wieviele Deckenauslässe für Lampen werden benötigt?
- Wieviele Wandauslässe für Lampen werden benötigt?
- Werden Außensteckdosen benötigt?
- Werden Dimmer oder Taster benötigt?

Heizungsinstallation

- Welches Heizmedium kommt zum Einsatz (Öl, Gas, Fernwärme, Holz)?
- Welcher Brenner kommt zum Einsatz?
- Wo wird das Gerät aufgestellt?
- Wie werden die Räume beheizt (Heizkörper, Fußbodenheizung, Wandheizung)?
- Aus welchem Material sind die Heizwasserleitungen?

Warmwasserbereitung

- Wie wird das Warmwasser erwärmt?
- Wird eine Solaranlage vorgesehen?
- Aus welchem Material sind die Wasserleitungen?
- Wie groß ist der Warmwasserspeicher?

Hausentwässerung

- Aus welchem Material sind die Abflussrohre?
- Wie ist die Schallentkopplung der Leitungen vorgesehen?
- Sind Bodeneinläufe vorgesehen (Waschküche)?

Wasserversorgung

- Aus welchem Material sind die Zuleitungen?
- Wie ist die Schallentkopplung der Leitungen vorgesehen?
- Wird eine Zirkulationsleitung vorgesehen?
- Wird eine Außenzapfstelle benötigt?

Sanitärgegenstände

Gäste-WC:

- Welche Sanitärgegenstände kommen im Gäste-WC zum Einsatz (WC, Klosettsitz, Urinal, Toilettenpapierhalter, Waschbecken, Einhand-Waschtischbatterie, Handtuchhalter, Ablage, Kristallspiegel)?
- Von welchem Hersteller aus welcher Serie sind die Gegenstände?

Badezimmer

- Welche Sanitärgegenstände kommen im Gäste-WC zum Einsatz (WC, Klosettsitz, Toilettenpapierhalter, Waschbecken, Badewanne, Dusche, Duschtrennwand, Einhand-Waschtischbatterie für Dusche, Badewanne und Waschbecken, Handbrausegarnitur mit Stange, Handtuchhalter, Ablage, Kristallspiegel)?
- Von welchem Hersteller aus welcher Serie sind die Gegenstände?

Küche:

- Wie viele Anschlüsse werden benötigt (Geschirrspülmaschine, Spüle)?

Waschküche:

- Welche Gegenstände werden benötigt (Ausgussbecken, Einhand-Spültisch-Wandbatterie)?
- Wie viele Anschlüsse werden benötigt (Geschirrspülmaschine, Spüle)?

Innenputz

- In welchen Räumen werden Wände bzw. Decken verputzt?
- Aus welchem Material ist der Innenputz?

Estrich

- Aus welchem Material ist der Estrich (Zementestrich, Anhydritestrich, Gussasphaltestrich)?
- Wie ist der Estrich aufgebaut (Schwimmender Estrich, Verbundestrich, Estrich auf Trennlage)?

Trockenbau

- Aus welchem Material erfolgen die Trockenbauarbeiten an Dachschrägen, Installationsschächten usw.)?

Innentüren

- Aus welchem Material sind die Innentüren
- Welche Anforderungen werden an die Innentüren gestellt (Schallschutz, Wärmeschutz)?

- Von welchem Hersteller sind die Innentüren?
- Welche Drückergarnituren kommen zum Einsatz?

Fliesenarbeiten

- Wo werden Bodenfliesen verlegt?
- Wo werden Wandfliesen verlegt?
- Wie hoch werden Wandfliesen verlegt?
- Welche Fliesen kommen zum Einsatz?
- Aus welchem Material sind die Sockel?
- Kommen Sonderfliesen zum Einsatz?

Parkettarbeiten

- Welches Material kommt zum Einsatz (Fertigparkett, massives Parkett)?
- In welchen Räumen wird Parkett verlegt?
- Wie werden die Sockel ausgebildet?

Malerarbeiten, Innen und Außen

- Welche Wände werden tapeziert?
- Welche Decken werden tapeziert?
- Welche Flächen werden gestrichen?
- Müssen Geländer oder Dachüberstände gestrichen werden?
- Welche Tapeten werden verwendet
- Welche Farbe wird verwendet?

Teppicharbeiten

- Welches Material kommt zum Einsatz?
- In welchen Räumen wird Teppich verlegt?
- Wie werden die Sockel ausgebildet?
- Wie wird der Teppich verlegt (verklebt, verspannt)?

Terrasse (falls vorhanden)

- Wie wird die Terrasse ausgeführt (Holz, Stein, Fliesen)?
- Wie ist der genaue Bodenaufbau?
- Wie groß ist die Terrasse?

Wintergarten (falls vorhanden)

- Aus welchem Material ist die Konstruktion des Wintergarten?
- Wie groß ist der Wintergarten?

Außenanlage

- Wie soll die Außenanlage ausgeführt werden (Rasen, Pflanzen, Büsche, Bäume)?
- Werden Wege im Garten vorgesehen?
- Aus welchem Material sind Wege und Unterbau?
- Werden Zäune an der Grundstücksgrenze vorgesehen?
- Aus welchem Material sind Zäune und Gartentor (Holz, Metall)?
- Wie wird der PKW-Stellplatz ausgebildet (Garage, Carport, einfacher Stellplatz)?

Wie Sie sehen, ist es sehr wichtig, dass Sie sich mit den Ihnen vorgelegten Baubeschreibungen intensiv auseinandersetzen, damit Sie handfeste, rechtlich einklagbare Leistungen über die Baubeschreibung schriftlich zugesichert bekommen.

Die Baubeschreibung ist beim Bauen mit dem Bauträger einer der wesentlichsten Vertragsbestandteile. Vor Unterschrift unter einen Bauträgervertrag sollten Sie eine Baubeschreibung in jedem Fall einem Fachmann zur Gegenkontrolle vorlegen.

Soweit Sie eine gebrauchte Eigentumswohnung erwerben, werden Sie praktisch nie eine Baubeschreibung erhalten, es sei denn, die gebrauchte Wohnung ist erst etwa zehn bis fünfzehn Jahre alt. Dann kann es sein, dass eine Baubeschreibung noch existiert. In diesem Falle sollten Sie sich diese auch aushändigen lassen.

Unabhängig hiervon haben Sie beim Erwerb einer gebrauchten Eigentumswohnung aber ohnehin den Vorteil, dass Sie diese vor dem Kauf direkt ansehen können (siehe Checklisten Kapitel 3.1.3). Bei einer Altbauwohnung, die durch einen Bauträger saniert wird, ist dies anders, da hier Eingriffe in die bestehende Bausubstanz erfolgen. Das gleiche gilt für noch nicht fertiggestellte Eigentumswohnungen oder auch erst projektierte Eigentumswohnungen. In allen drei Fällen haben Sie das Problem, dass Sie vor dem Kauf nicht wissen, was Sie erhalten werden.

4.2 Die Wohnflächenberechnung

Gerade beim Kauf einer Eigentumswohnung ist eine genaue Flächenberechnung der Wohnfläche der Wohnung wichtig. Diese muss Ihnen der Bauträger oder Vorbesitzer der Wohnung vorlegen, damit Sie nachvollziehen können, ob die Wohnung tatsächlich die Grundfläche hat, die vom Bauträger bzw. Vorbesitzer angegeben wird und an der ja wesentlich der Kaufpreis der Wohnung hängt.

Flächenberechnungen wurden in der Vergangenheit und werden auch heute je nach Erfordernis auf Grundlage unterschiedlicher Normen und Verordnungen erstellt. Daher können Ihnen Flächenberechnungen auf folgenden Grundlagen vorgelegt werden:

- DIN 283 - Wohnungen, Blatt 1 und 2
- Zweite Berechnungsverordnung (II. BV)
- Wohnflächenverordnung (WoFlV)
- DIN 277 - Grundflächen und Rauminhalte von Bauwerken im Hochbau, Blatt 1 und 2

Nachfolgend werden zunächst die Unterschiede und die Aktualität der einzelnen Berechnungsarten dargestellt.

4.2.1 Berechnung nach der DIN 283 - Wohnungen, Blatt 1 und 2

Die DIN 283 diente der Berechnung von Wohnflächen. Sie wurde im Oktober 1983 zurückgezogen, sodass nach dieser Norm heute keine Wohnflächen mehr ermittelt werden. Trotzdem werden Sie bei gebrauchten Immobilien durchaus auf diese Berechnungsart stoßen.

Gemäß DIN 283 wurden folgende Flächen unterschieden und getrennt voneinander ermittelt:

- Wohn- und Schlafräume (auch Wohndielen und ausreichend beheizbare Wintergärten), sofern Sie den Anforderungen der Bauaufsichtsbehörden an Räume zum dauernden Aufenthalt von Menschen entsprechen. Abhängig von der Größe wird unterschieden in Wohn- und Schlafzimmer (mind. 10 m^2) und Wohn- und Schlafkammern (mind. 6 m^2 und weniger als 10 m^2).
- Küchen, die in Wohnküchen (mind. 12 m^2) und Kochküchen unterteilt werden.
- Nebenräume, zu denen Dielen, Schrankräume, Abstellräume, Windfänge, Vorräumen, Flure, Treppen innerhalb der Wohnung einschließlich Treppenabsätzen, Galerien, Aborte, Wasch-, Dusch- und Baderäume, Spülküchen, Speisekammern, Besenkammern und dergleichen, Veranden, nicht ausreichend beheizbare Wintergärten, Hauslauben (Loggien), Balkone und gedeckte Freisitze gehören.

4.2.2 Berechnung nach der zweiten Berechnungsverordnung (II. BV)

Die II.BV war bis zur Ablösung durch die Wohnflächenverordnung (WoFlV) im Januar 2004 die gültige Verordnung für wohnungswirtschaftliche Berechnungen und wurde auch im frei finanzierten Wohnungsbau verwendet, da mit dem Wegfall der DIN 283 keine gültige Alternative zur Wohnflächenberechnung mehr vorhanden war. Im Teil 4 erläutern die §§ 42 bis 44, wie die Wohnfläche zu berechnen ist. Seit dem 1. Januar 2004 ist sie nicht mehr gültig.

Nach der II. BV gehören folgende Grundflächen zur Wohnfläche:

- die Grundflächen der Räume, die ausschließlich zu der betreffenden Wohnung gehören.
- Wintergärten, Schwimmbäder und ähnliche nach allen Seiten geschlossene Räume, wenn sie ausschließlich zu der betreffenden Wohnung gehören.
- Balkone, Loggien, Dachgärten und Terrassen, wenn sie ausschließlich zu der betreffenden Wohnung gehören.

Nicht zur Wohnfläche gehören die Grundflächen folgender Räume:

- Zubehörräume wie Kellerräume, Waschküchen, Abstellräume und außerhalb der Wohnung, Dachböden, Trockenräume, Schuppen (Holzlegen), Garagen und ähnliche Räume.
- Wirtschaftsräume wie Futterküchen, Vorratsräume, Backstuben, Räucherkammern, Ställe, Scheunen, Abstellräume und ähnliche Räume.
- Räume, die den an ihre Nutzung zu stellenden Anforderungen des Bauordnungsrechts nicht genügen.
- Geschäftsräume.

4.2.3 Berechnung nach der Wohnflächenverordnung (WoFlV)

Die WoFlV wurde am 25. November 2003 verkündet, trat am 1. Januar 2004 in Kraft und ersetzt die II. BV, die bis dahin Grundlage für Wohnflächenberechnungen öffentlich geförderter Wohnungen war. Die WoFlV ist Teil der »Verordnung zur Berechnung der Wohnfläche, über die Aufstellung von Betriebskosten und zur Änderung anderer Verordnungen«. Die Wohnflächenverordnung dient der Berechnung von Wohnflächen nach dem Wohnraumförderungsgesetz. Zur Wohnfläche gehören folgende Grundflächen:

- die Grundflächen der Räume, die ausschließlich zu der betreffenden Wohnung gehören.
- Wintergärten, Schwimmbäder und ähnliche nach allen Seiten geschlossene Räume, wenn sie ausschließlich zu der betreffenden Wohnung gehören.
- Balkone, Loggien, Dachgärten und Terrassen, wenn sie ausschließlich zu der betreffenden Wohnung gehören.

Nicht zur Wohnfläche gehören die Grundflächen folgender Räume:

- Zubehörräume wie Kellerräume, Abstellräume und Kellerersatzräume außerhalb der Wohnung, Waschküchen, Bodenräume, Trockenräume, Heizungsräume, Garagen.
- Räume, die nicht den an ihre Nutzung zu stellenden Anforderungen des Bauordnungsrechts der Länder genügen.
- Geschäftsräume.

Da die WoFlV die derzeit einzige aktuelle Berechnungsgrundlage für Wohnflächenberechnungen ist, wird die Berechnungsmethode nachfolgend ausführlicher erläutert. Es lohnt sich auch, einen Kommentar der WoFlV im Buchhandel zu erwerben, da sie leicht verständlich ist und Ihnen ausführlich darlegt, wie eine Wohnflächenberechnung korrekt erstellt wird.

Die Berechnung der Wohnfläche nach der WoFlV kann vor Ort nach Fertigmaßen erfolgen oder nach Plänen, wenn die Bauzeichnungen für ein Genehmigungs-, Anzeige-, Freistellungs- oder ähnliches Verfahren geeignet ist und die Ermittlung der lichten Maße ermöglicht.

Innerhalb der oben beschriebenen Grundflächen gehören zur Wohnfläche die Grundfläche von Fensternischen und Wandnischen, wenn sie bis zum Boden reichen und tiefer als 13 cm sind, ferner die Grundfläche von Wandschränken und Einbaumöbeln.

Fuß-, Sockel- und Schrammleisten, Tür- und Fensterbekleidungen und -umrahmungen sowie Öfen, Kamine, Heizkörper, Kochherde, Klimageräte, Bade- und Duschwannen, freiliegende Installationen und nicht ortsgebundene Raumteiler werden übermessen, sodass deren Grundfläche ebenfalls zur Wohnfläche gehört.

Abgezogen werden die Grundflächen von Türnischen, außerdem Schornsteinvorlagen und sonstige Mauervorlagen, freistehende Pfeiler und Säulen, freistehende Stützen und Streben sowie vor die Wand hervortretende Stützen und Streben, wenn sie höher als 1,5 m sind und die Grundfläche mehr als 0,1 m^2 beträgt. Treppen werden ebenfalls abgezogen, wenn sie mehr als drei Steigungen haben.

Flächenanteile von Räumen und Raumteilen mit einer lichten Höhe von mindestens 2 m werden zu 100% berücksichtigt, Flächenanteile von Räumen und Raumteilen mit einer lichten Höhe von mehr als 1 m und weniger als 2 m zu 50%. Flächenanteile von Räumen und Raumteilen mit einer lichten Höhe unter 1 m werden nicht berücksichtigt.

Flächenanteile von unbeheizbaren Wintergärten, Schwimmbädern und ähnlichen allseitig geschlossenen Räumen werden zu 50% berücksichtigt.

Terrassen, Hauslauben (Loggien), Balkone werden in der Regel zu 25%, höchstens jedoch zu 50% berücksichtigt.

4.2.4 Berechnung nach der DIN 277

Die DIN 277 ist keine Norm für die Berechnung von Wohnflächen. Die in der DIN 277 festgelegte Berechnungsweise ist in erster Linie dazu gedacht, für Kostenkalkulationen einheitliche und vor allem vergleichbare Grundlagen zu schaffen. Entsprechend wird in der DIN 277 auch nicht von Wohnflächen gesprochen, sondern von Nutzflächen, Verkehrsflächen, Konstruktionsflächen usw. Eine Berechnung der »Wohnfläche nach DIN 277« ist demnach gar nicht möglich, weil dieser Begriff schon in der DIN selbst gar nicht auftaucht. Die derzeit gültige Fassung ist vom Juni 1987. Die DIN 277 steht in engem Zusammenhang mit der DIN 276, die die Art der Baukostenermittlung festlegt.

Nach der DIN 277 geht man von der Brutto-Grundfläche (BGF) aus, die über die Außenmaße des Gebäudes bestimmt wird. Davon wird die Konstruktionsfläche abgezogen, die alle Wände, Stützen usw. beinhaltet. Übrig bleibt die Netto-Grundfläche (NGF).

Die Netto-Grundfläche unterteilt sich wiederum in Nutzfläche (NF), Funktionsfläche (FF) und Verkehrsfläche (VF). Die Nutzfläche unterteilt sich nochmals in Hauptnutzfläche und Nebennutzfläche.

Mit der Wohnfläche nach der WoFlV vergleichbar sind die Flächen von Hauptnutzfläche, Nebennutzfläche und Verkehrsfläche.

In der DIN 277 erfolgt zudem eine getrennte Ermittlung von Flächen unter Bauteilen bis 1,5 m lichte Höhe und Flächen unter Bauteilen über 1,5 m lichte Höhe, beide Flächenanteile werden jedoch zu 100% angesetzt.

Im Ergebnis kann bei einer Berechnung nach DIN 277 also nur eine Aufstellung von Hauptnutzflächen, Nebennutzflächen und Verkehrsflächen herauskommen, wobei zusätzlich Kellerräume als Funktionsfläche ausgewiesen werden müssen.

4.2.5 Unterschiedliche Ergebnisse bei Flächenberechnungen

Die einzelnen Berechnungsarten haben zum Teil erhebliche Unterschiede in den Berechnungsansätzen. Das hat zur Folge, dass eine Flächenermittlung, die bei ein und demselben Grundriss nach allen vier Berechnungsmethoden durchgeführt werden würde, erhebliche Unterschiede im Gesamtflächenergebnis zwischen den Berechnungsmethoden zur Folge hätte.
Eine große Rolle spielen dabei die prozentualen Unterschiede bei der Berücksichtigung von Balkonen, Terrassen, Raumteilen unter Treppen und Flächenanteilen von Raumteilen unter 2 m lichter Höhe.

Zum Vergleich von Wohnflächen ist es also nicht nur wichtig, eine nachvollziehbare Berechnung zu erhalten, auch die Berechnungsgrundlage sollte jeweils gleich sein. Liegt bei einer Gebrauchtimmobilie keine Berechnung vor, sollten Sie eine nach der derzeit gültigen WoFlV fordern oder erstellen lassen, wenn exakte Flächenangaben für Sie wichtig sind. Berechnungen nach DIN 277 sollten nicht akzeptiert werden, sondern durch eine Wohnflächenberechnung nach WoFlV gegengeprüft werden.

Bei der Objektbesichtigung können Sie beispielsweise stichprobenartige Kontrollen durchführen, indem Sie die Längen und Breitenmaße bei ein oder zwei rechtwinkligen Räumen nehmen und die Fläche ermitteln. Weicht dieses Ergebnis von der Wohnflächenberechnung ab, sollten Sie eine genaue Überprüfung veranlassen.

Es kann auch sein, dass bei einem Altbau keine Wohnflächenberechnung vorliegt. In einem solchen Fall sollten Sie dann eine Wohnflächenberechnung nach der WoFlV anfertigen lassen, denn nur hierdurch wissen Sie letztendlich, wie viel Quadratmeter Sie tatsächlich kaufen. Manchmal werden bei Berechnungen auch Grundflächen von Räumen in die Wohnflächenberechnung mit einbezogen, obwohl diese vielleicht

ENERGIEAUSWEIS für Wohngebäude

gemäß den §§ 16 ff. Energieeinsparverordnung (EnEV)

Gültig bis: 02.06.2018

1

Gebäude

Gebäudetyp	Mehrfamilienhaus
Adresse	Musterstr. 123, 12345 Musterstadt
Gebäudeteil	Vorderhaus
Baujahr Gebäude	1927
Baujahr Anlagentechnik	1982
Anzahl Wohnungen	9
Gebäudenutzfläche (A_N)	575 m²

Anlass der Ausstellung des Energieausweises
☐ Neubau ☐ Modernisierung (Änderung/Erweiterung) ☐ Sonstiges (freiwillig)
☒ Vermietung/Verkauf

Hinweise zu den Angaben über die energetische Qualität des Gebäudes

Die energetische Qualität eines Gebäudes kann durch die Berechnung des **Energiebedarfs** unter standardisierten Randbedingungen oder durch die Auswertung des **Energieverbrauchs** ermittelt werden. Als Bezugsfläche dient die energetische Gebäudenutzfläche nach der EnEV, die sich in der Regel von den allgemeinen Wohnflächenangaben unterscheidet. Die angegebenen Vergleichswerte sollen überschlägige Vergleiche ermöglichen **(Erläuterungen – siehe Seite 4).**

☒ Der Energieausweis wurde auf der Grundlage von Berechnungen des **Energiebedarfs** erstellt. Die Ergebnisse sind auf **Seite 2** dargestellt. Zusätzliche Informationen zum Verbrauch sind freiwillig.

☐ Der Energieausweis wurde auf der Grundlage von Auswertungen des **Energieverbrauchs** erstellt. Die Ergebnisse sind auf **Seite 3** dargestellt.

Datenerhebung Bedarf/Verbrauch durch: ☐ Eigentümer ☒ Aussteller

☒ Dem Energieausweis sind zusätzliche Informationen zur energetischen Qualität beigefügt (freiwillige Angabe).

Hinweise zur Verwendung des Energieausweises

Der Energieausweis dient lediglich der Information. Die Angaben im Energieausweis beziehen sich auf das gesamte Wohngebäude oder den oben bezeichneten Gebäudeteil. Der Energieausweis ist lediglich dafür gedacht, einen überschlägigen Vergleich von Gebäuden zu ermöglichen.

Aussteller

Paul Mustermann
Ingenieurbüro Mustermann
Musterstraße 45
12345 Musterstadt

dena-Gütesiegel ENERGIEAUSWEIS

dena-999999-BFEO0

02.06.2008
Datum

P. Mustermann
Unterschrift des Ausstellers

Abb. 16:
Energiebedarfsausweis

ENERGIEAUSWEIS für Wohngebäude

gemäß den §§ 16 ff. Energieeinsparverordnung (EnEV)

Berechneter Energiebedarf des Gebäudes

2

Energiebedarf

CO_2-Emissionen[1)] 56,4 [kg/(m²·a)]

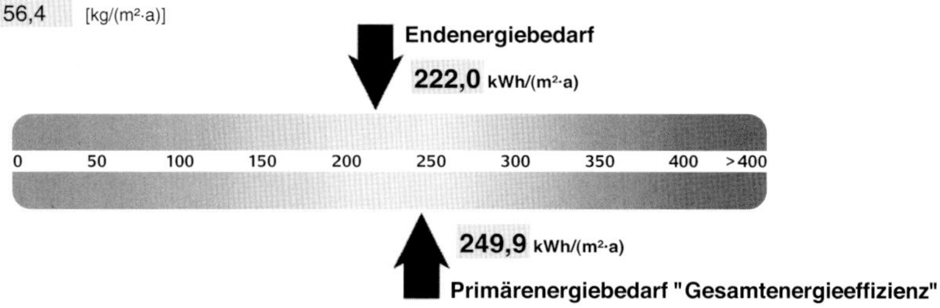

Nachweis der Einhaltung des § 3 oder § 9 Abs. 1 EnEV[2)]

Primärenergiebedarf			Energetische Qualität der Gebäudehülle		
Gebäude Ist-Wert	249,9	kWh/(m²·a)	Gebäude Ist-Wert H_T'	1,18	W/(m²·K)
EnEV-Anforderungswert	92,2	kWh/(m²·a)	EnEV-Anforderungs-Wert H_T'	0,60	W/(m²·K)

Endenergiebedarf

Energieträger	Jährlicher Endenergiebedarf in kWh/(m²·a) für Heizung	Warmwasser	Hilfsgeräte[3)]	Gesamt in kWh/(m²·a)
Erdgas H	177,9	40,5	0,0	218,4
Strom	0,0	0,0	3,6	3,6

Sonstige Angaben

Einsetzbarkeit alternativer Energieversorgungssysteme:

☐ nach § 5 EnEV vor Baubeginn geprüft

Alternative Energieversorgungssysteme werden genutzt für:

☐ Heizung ☐ Warmwasser
☐ Lüftung ☐ Kühlung

Lüftungskonzept

Die Lüftung erfolgt durch:

☒ Fensterlüftung ☐ Schachtlüftung
☐ Lüftungsanlage ohne Wärmerückgewinnung
☐ Lüftungsanlage mit Wärmerückgewinnung

Vergleichswerte Endenergiebedarf

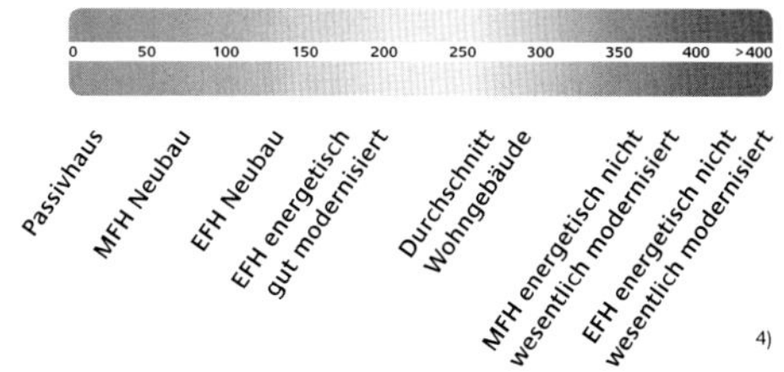

Erläuterungen zum Berechnungsverfahren

Das verwendete Berechnungsverfahren ist durch die Energieeinsparverordnung vorgegeben. Insbesondere wegen standardisierter Randbedingungen erlauben die angegebenen Werte keine Rückschlüsse auf den tatsächlichen Energieverbrauch. Die ausgewiesenen Bedarfswerte sind spezifische Werte nach der EnEV pro Quadratmeter Gebäudenutzfläche (A_N).

1) Freiwillige Angabe. 2) Nur in den Fällen des Neubaus und der Modernisierung auszufüllen. 3) Ggf. einschließlich Kühlung. 4) EFH – Einfamilienhäuser, MFH – Mehrfamilienhäuser.

in diesem bestimmten Fall nach baurechtlichen Gesichtspunkten nicht als Wohnfläche gelten (z. B. ein ausgebauter Dachraum oder Hobbyraum, der offiziell nicht für Wohnzwecke genutzt werden darf). Lassen Sie sich im Zweifelsfall das genehmigte Baugesuch vorlegen und fragen Sie gegebenenfalls sogar bei der Genehmigungsbehörde nach, ob die ausgewiesenen Flächen auch offiziell als Wohnflächen genehmigt sind.

4.3 Der Energiebedarfsausweis für neue Gebäude und der Gebäudeenergieausweis für Bestandsgebäude

Unabhängig davon, ob Sie eine gebrauchte Eigentumswohnung oder eine Wohnung in einem Neubau erwerben, ist es wichtig, dass Ihnen der Energiebedarfsausweis des Gebäudes vorgelegt wird, in dem sich die Wohnung befindet. Bei Neubauten muss gemäß der Energieeinsparverordnung (EnEV) bereits zum Zeitpunkt der Eingabe des Baugesuchs ein Energiebedarfsausweises mit eingereicht werden. Das heißt, für Neubauten liegt ein solcher Ausweis in jedem Falle vor. Entsprechend sollte dieser Ihnen auch ausgehändigt werden.

Bei gebrauchten Eigentumswohnungen muss im Falle eines Wohnungsverkaufs seit 2008 ebenfalls ein Energieausweis vorgelegt werden. Hier wird unterschieden zwischen dem sogenannten verbrauchsorientierten Ausweis und dem bedarfsorientierten Ausweis. Beim verbrauchsorientierten Ausweis wird der zurückliegende tatsächliche Verbrauch der Wohnungsnutzer erfasst. Beim bedarfsorientierten Ausweis wird theoretisch-rechnerisch der Energiebedarf ermittelt. Der bedarfsorientierte Energieausweis ist vorgeschrieben für alle Gebäude, die vor Einführung der Wärmeschutzverordnung 1977 errichtet wurden und weniger als vier Wohnungen haben und die auch später nicht auf den Standard der Wärmeschutzverordnung von 1977 modernisiert wurden. Bei allen anderen allen anderen Gebäuden ist man frei in der Wahl des Ausweistyps.

Der Energiebedarfsausweis wie auch der Gebäudeenergiepass gilt aber immer nur für das Gebäude insgesamt. Rückschlüsse auf den Verbrauch Ihrer zukünftigen Wohnung können Sie damit nur bedingt ziehen.

5 Die Eigentumsübertragung

Die Eigentumsübertragung beim Kauf einer Eigentumswohnung geschieht in der Regel in zwei Schritten: Zunächst wird der Kaufvertrag vor einem Notar unterzeichnet und erst dann kann die eigentliche Eigentumsübertragung erfolgen.

5.1 Der Notartermin

Der Kauf einer Eigentumswohnung muss in Deutschland zwingend vor einem Notar erfolgen, da Sie beim Erwerb einer Eigentumswohnung auch Miteigentümer an Grund und Boden werden und somit eine Eintragung ins Grundbuch erfolgt.

Das Grundbuch ist ein bei den Amtsgerichten bzw. den Grundbuchämtern geführtes Register, in dem die Rechts- und Eigentumsverhältnisse eines Grundstücks verzeichnet sind. Konkret finden Sie hierin ein Bestandsverzeichnis mit Angaben zu Lage, Nutzungsart und Größe des Grundstücks. Genauso finden Sie hier die Angaben zum Eigentümer und zum Erwerbsgrund, außerdem finden Sie alle Eintragungen der Belastungen, Beschränkungen und Erbbaurechte und schließlich finden Sie hier auch die Eintragungen der Grundpfandrechte, der Hypotheken und der Grundschuld.

Von einem vor dem Notar unterzeichneten Kaufvertrag einer Eigentumswohnung können Sie grundsätzlich nicht mehr zurücktreten, daher ist es sehr wichtig, dass Sie bis zu einem anstehenden Notartermin alle wesentlichen Fragen in Bezug auf den Kauf der Eigentumswohnung geklärt haben. Dies betrifft vor allem die gesamte Finanzierung der Eigentumswohnung, den Zustand der Eigentumswohnung bzw. den Inhalt von Plänen und Baubeschreibungen sowie ferner natürlich das Grundstück und auch den Kaufvertrag selbst.

Nicht vergessen sollten Sie auch, vor dem Notartermin einen Einblick ins Grundbuch zu nehmen, um sicherzustellen, dass die angebotene Immobilie auch tatsächlich dem Verkäufer gehört.

Ferner sollten Sie die Quadratmeterangaben des Grundstücks im Grundbuch mit der angetroffenen Realität abgleichen. Außerdem muss geklärt sein, ob in irgendeiner Weise Baulasten auf dem Grundstück liegen, d.h. dass zum Beispiel ein Grundstücksnachbar gegen Entschädigung an ihre zukünftige WEGemeinschaft besondere zusätzliche Rechte für sein Grundstück zugestanden bekam, auf Kosten des

Grundstückes, dessen Miteigentümer Sie werden. Eventuell hat er sein Haus sehr nah an die Grundstücksgrenze gebaut, weswegen Ihre zukünftige WEGemeinschaft sich möglicherweise selbst verpflichtete, extra weit davon weg zu bleiben um Abstandsflächen insgesamt zu wahren. Dies erfahren Sie im sogenannten Baulastenverzeichnis der entsprechenden Kommune.

Vor dem Notartermin muss Ihnen unbedingt die schriftliche Finanzierungszusage Ihrer Bank vorliegen. Ohne eine solche schriftlich fixierte Zusage wäre der Wohnungskauf ein unkalkulierbares Risiko.

In jedem Falle sinnvoll ist es auch, durch den Notar eine so genannte Auflassungsvormerkung ins Grundbuch eintragen zu lassen. Mit dieser Auflassungsvormerkung wird die Einigung des Verkäufers und des Käufers über den Eigentumswechsel dokumentiert und ein weiterer Verkauf der Immobilie durch den Verkäufer unterbunden. Da die Eigentumsumtragung im Grundbuch gegebenfalls einige Wochen dauern kann, schützen Sie sich mit einer Auflassungsvormerkung vor jedem Zweifel an dem Eigentumsübergang an Sie.

5.2 Der Weg der Übertragung des Eigentums

Nur durch den abgeschlossenen Kaufvertrag alleine werden Sie noch nicht Eigentümer der Eigentumswohnung. Der Kaufvertrag verpflichtet den Verkäufer nur, das Eigentum auf den Käufer zu übertragen. Erst die Eintragung des Eigentumswechsels im Grundbuch nach Unterzeichnung des Kaufvertrages, Eintragung der Auflassungsvormerkung sowie Vorlage einer Unbedenklichkeitserklärung des Finanzamtes, dass der Eigentumsübertragung keine steuerlichen Bedenken entgegenstehen, schließen den Eigentumswechsel endgültig ab.

Die Abwicklung der Bezahlung erfolgt meist über den Notar. Dieser stellt üblicherweise zu beiden Seiten sicher, dass die Kaufpreiszahlung einerseits und die Überlassung der Immobilie andererseits reibungslos erfolgen kann. Dies geschieht in der Regel dadurch, dass dem Notar bereits im Kaufvertrag einerseits die Vollmacht erteilt wird, die Umtragung im Grundbuch erst dann zu beantragen, wenn der Kaufpreis gezahlt ist. Andererseits erhält er aber die Vollmacht diese Umtragung dann auch beantragen zu können, ohne dass der bisherige Eigentümer dies stoppen könnte. Auf diese Weise werden Verkäufer und Käufer geschützt. Der Kaufpreis muss zunächst gezahlt werden und dann wird die Umtragung vollzogen.

6 Gewährleistung

Nach dem Erwerb Ihres Wohneigentums haben Sie für eine gewisse Zeit einen Gewährleistungsanspruch für auftretende Mängel. Dies gilt allerdings nur für Neubauten oder umgebaute Altbauten von gewerblichen Anbietern, bei denen Sie den Erstbezug nach Umbau vornehmen. Kaufen Sie eine Gebrauchtwohnung von privat, ist dies nicht der Fall. Hier haben Sie keine klassischen Gewährleistungsansprüche eines Neuprodukts - bis auf eine wichtige Ausnahme: Insoweit der Vorbesitzer der von Ihnen erworbenen Eigentumswohnung noch Gewährleistungsansprüche auf diese hatte, Sie also z. B. eine Gebrauchtwohnung kaufen, die erst drei Jahre alt ist oder vor gerade erst drei Jahren von Grund auf saniert wurde, ist es unbedingt notwendig, dass Sie sich Ansprüche auf noch bestehende Gewährleistungen im Kaufvertrag übertragen lassen. So kommen Sie in den Genuss von gegebenenfalls noch bestehenden Gewährleistungsansprüchen der Gebrauchtwohnung gegenüber Dritten.

Nach § 634 a BGB beträgt die Gewährleistungszeit für Bauwerke fünf Jahre. Mängel, die nach diesem Zeitraum auftreten, gehen nicht mehr zu Lasten des Verkäufers, es sei denn, es handelt sich hierbei um arglistig verschwiegene Mängel am Gebäude. Sofern dem Verkäufer dies nachzuweisen ist, ist er hierfür nach dem neuen Schuldrecht zehn Jahre haftbar.

Wenn Sie eine Neubaueigentumswohnung vom Bauträger kaufen, die nach Baufertigstellung bis zum Verkauf an Sie ein Jahr lang leer stand, hat dies auf die Gewährleistung für Ihr Sondereigentum keine Auswirkungen. Die fünfjährige Gewährleistungsfrist beginnt erst mit Ihrem Kaufdatum. Hingegen kann es aber sein, dass das gemeinschaftliche Eigentum bereits abgenommen ist und für dieses zum Zeitpunkt Ihres Wohnungskaufes bereits ein Jahr der Gewährleistungsfrist vorüber ist.

Seit dem 1. 1. 2002 ist in der Bundesrepublik Deutschland ein neues Schuldrecht in Kraft getreten. Die im BGB festgehaltenen fünfjährigen Gewährleistungsfristen für Bauobjekte bleiben hiervon allerdings unberührt. Eher könnte es sich in der zukünftigen Rechtsprechung erweisen, dass das neue Schuldrecht Auswirkungen z. B. auf Baubeschreibungen hat, die mit zweifelhaften Versprechungen und unklaren Formulierungen arbeiten. Hier gesteht das neue Schuldrecht u.U. die Möglichkeit des Rücktritts vom Vertrag zu, wenn vereinbarte Leistungen nicht erbracht werden. Da aber sehr viele Baubeschreibungen so unexakt sind, dass ohnehin kaum eine Leistung rechtlich fassbar ist und da viele Bauträger einen Rücktritt vom Vertrag gemäß den §§ 636, 323 und 326 BGB in Ihren Verträgen ausschließen, ist es wichtig, dass Sie sich nicht auf unexakte Baubeschreibungen und Einschränkungsregelungen des BGB-Rechts einlassen.

Hinsichtlich dem Vorgehen im Falle von auftretenden Mängeln ist grundsätzlich zu unterscheiden, ob der Mangel innerhalb Ihres Sondereigentums liegt oder nicht und ob der Mangel innerhalb eines Gewährleistungszeitraums entdeckt wird oder außerhalb.

6.1 Mängel am Sondereigentum innerhalb der Gewährleistungszeit

Haben Sie eine Wohnung vom Bauträger gekauft und treten innerhalb des Gewährleistungszeitraums Mängel an Ihrem Sondereigentum auf, müssen Sie - aufgrund der Beweislastumkehr bei der Abnahme des Bauwerks - dem Bauträger nachweisen, dass er den Mangel zu vertreten hat. Dies kann zunächst so aussehen, dass Sie ihm ein Schreiben senden, in dem Sie den Mangel beschreiben, die Ursächlichkeit des Mangels darlegen und ihm dann eine angemessene Frist zur Beseitigung des Mangels setzen. Angemessen heißt, dass es problemlos möglich ist, innerhalb der von Ihnen gesetzten Frist den Mangel zu beheben, also Handwerker hierfür einzuplanen, einen Vor-Ort-Termin mit den Handwerkern auszumachen und die Arbeitsdurchführung abzuschließen.

Haben Sie eine Wohnung von privat gekauft und wurden Ihnen die Gewährleistungsansprüche gegenüber dem Bauträger oder den Handwerkern im Kaufvertrag abgetreten, müssen Sie innerhalb der Gewährleistungszeit ein solches Schreiben direkt an den betreffenden Bauträger oder die betreffenden Handwerksunternehmen schicken.

Vielfach werden Sie erleben, dass Sie wenig Reaktion auf solche Mängelschreiben erhalten. Dann wird das Vorgehen schon komplizierter und Sie müssen nachfassen. Dies kann zunächst z. B. so aussehen, dass Sie einen Fachmann einschalten, der nochmals versucht, in einem Fachgespräch vor Ort mit dem haftenden Bauträger klar zu kommen. Mitunter reagieren Bauträger oder auch Handwerksunternehmer hierauf. Fruchtet auch dies nichts, bleibt Ihnen u.U. nichts anderes übrig als der Gang vor die Gerichte. Hierbei müssen Sie allerdings immer die noch laufende Gewährleistungszeit im Auge haben. Denn allein dadurch, dass Sie eine Mängelrüge geschrieben haben, wird die Gewährleistungszeit nicht unterbrochen. Die Gewährleistungszeit wird nur unterbrochen durch Anerkenntnis des Mangels durch den Bauträger bzw. des Handwerkers, durch Einleitung eines selbstständigen

Beweissicherungsverfahrens Ihrerseits oder durch Klageerhebung Ihrerseits.

Je größer der Mangel ist und je näher Sie an den Ablauf der Gewährleistungsfrist rücken, desto wichtiger wird es, anwaltliche Hilfe einzuschalten, die Ihnen Ihre Ansprüche sichert. Achten Sie hierbei unbedingt darauf, einen auf Baurecht spezialisierten Anwalt zu beauftragen. Das Baurecht für sich ist bereits so komplex, dass ein allgemein tätiger Anwalt sich dort kaum auf Anhieb zurecht finden wird. Vertrauensanwälte finden Sie z. B. auch beim Bauherrenschutzbund (www.bsb-ev.de).

6.2 Mängel am Sondereigentum außerhalb der Gewährleistungszeit

Mängel an Ihrem Sondereigentum, die außerhalb der Gewährleistungszeit auftreten, sind auf den Veräußerer einer Neuimmobilie oder sanierten Immobilie im Regelfall nicht mehr abwälzbar.

Nur für den Fall, dass dem Veräußerer der Mangel bekannt war und er diesen Ihnen gegenüber arglistig verschwiegen hat, tritt die Verjährung möglicherweise erst drei Jahre nach Kenntnis des Mangels durch Sie bzw. zehn Jahre nach Entstehen des Mangels an sich ein. Hierzu müssen Sie jedoch beweisen können, dass der Verkäufer Kenntnis des Mangels hatte und diesen Ihnen gegenüber bewusst verschwiegen hat. Dies ist leider nur in sehr seltenen Fällen nachweisbar.

Entdecken Sie nun also einen Mangel nach Ablauf der Gewährleistungszeit und hegen Sie die Vermutung, dass Ihnen dieser Mangel beim Kauf der neuen oder frisch sanierten Eigentumswohnung arglistig verschwiegen wurde, sollten Sie zunächst einmal einen Baufachmann einschalten, der Ihnen eine unabhängige Einschätzung gibt. Dies kann beispielsweise ein Architekt, ein Bauingenieur oder auch direkt ein öffentlich bestellter und vereidigter Sachverständiger sein. Die Adressen von öffentlich bestellten und vereidigten Bausachverständigen erhalten Sie bei den Industrie- und Handelskammern Ihrer Region oder unter www.svv.ihk.de. Sollte der Bausachverständige nach Vor-Ort-Begutachtung zu dem Schluss kommen, dass der Mangel oder der Auslöser des Mangels zum Verkaufszeitpunkt der Wohnung bekannt gewesen sein muss und gibt es klare Anhaltspunkte dafür, dass Sie eine Täuschung nachweisen können, sollten Sie überlegen, zunächst einmal gemeinsam mit dem von Ihnen eingeschalteten Baufachmann auf den Verkäufer der Immobilie zuzugehen. Möglicherweise ist er selber zuvor bei der Erstellung oder dem vorherigen Erwerb der Immobilie getäuscht worden. Kommen Sie hier nicht weiter, kann es sinnvoll sein, vorab mit einem auf Baurecht spezialisierten Anwalt zu klären, ob es Ihnen auch juristisch gelingen kann, den Nachweis einer arglistigen Täuschung zu führen.

Da solche Nachweise nicht immer einfach zu führen sind, bautechnisch wie juristisch, ist es sinnvoll, in Ruhe mit Baufachleuten und Rechtsfachleuten die Lage zu sondieren, um dann zu entscheiden, ob man einen Rechtsstreit vor Gericht beginnt.

6.3 Mängel am gemeinschaftlichen Eigentum innerhalb und außerhalb der Gewährleistungszeit

Sehr viele Mängel in Gebäuden, in denen sich Eigentumswohnungen befinden, können Mängel im gemeinschaftlichen Eigentum sein. Ist dies der Fall, ist Ihr WEG-Verwalter verpflichtet, sich hierum zu kümmern und die fristgemäße und ordnungsgemäße Beseitigung der Mängel zu überwachen. Versäumt er dies oder macht er die WEGemeinschaft nicht rechtzeitig auf den Ablauf wichtiger Gewährleistungsfristen aufmerksam und entstehen der WEGemeinschaft hieraus Schäden, haftet der WEG-Verwalter hierfür.
Ebenso wie Sie in Ihrem Sondereigentum muss der WEG-Verwalter beim gemeinschaftlichen Eigentum unterscheiden zwischen Mängeln innerhalb des Gewährleistungszeitraums und Mängeln außerhalb des Gewährleistungszeitraums. Sie dürfen aber als Wohnungseigentümer davon ausgehen, dass dem WEG-Verwalter dies bewusst ist und er fachlich fundiert handelt. Legt er hier zu Ihrem Schaden ein falsches Vorgehen an den Tag, haftet er dafür der WEGemeinschaft gegenüber.

Falls Sie als Eigentümer einen Mangel entdecken, der nicht in Ihrem Sondereigentum, sondern im gemeinschaftlichen Eigentum liegt, ist es sinnvoll, den WEG-Verwalter hierauf schriftlich hinzuweisen. Einerseits unterstützen Sie ihn hierdurch, andererseits schaffen Sie sich – bei Untätigkeit seinerseits – eine klare Ausgangslage bei eventuell anstehenden Schadensersatzforderungen.

Ein generelles Problem bei WEG-Verwaltern von Neubauwohnungen ist, dass ihnen die Verwaltung dieser Wohnungen meist von den Bauträgern der Wohnungen angedient wurde bzw. die Bauträger sogar eigene Verwaltungsabteilungen haben. Ist ein solcher Verwalter für die ersten fünf Jahre der Verwaltung bereits eingesetzt, kann es sein, dass er nicht mit dem nötigen Nachdruck gegen den Bauträger vorgeht, wenn sich Mängel zeigen. Dieser Interessenkonflikt ist äußerst problematisch. In einem solchen Fall müssen Sie das Vorgehen des WEG-Verwalters bei Mängeln sehr genau im Auge behalten.

Zum Schluss

Wie das vorliegende Buch aufzeigte, bringt der Erwerb einer Eigentumswohnung nicht nur Freiheiten mit sich, die einen die Zwänge des Mieterdaseins vergessen lassen, sondern er bringt auch zahlreiche Pflichten mit sich. Wirkliche Freiheit beginnt rechtlich in Deutschland erst mit dem Erwerb eines Reihenhauses, wo die klare bauliche Trennung zum Nachbarn auch die klare rechtliche Trennung ist, wenn diese nicht nach WEG-Recht aufgeteilt sind.
Trotzdem kann der Erwerb einer Eigentumswohnung auch Vorteile bieten. Unter Umständen wohnt man mitten in der Stadt in bezahlbarem Wohnraum und muss sich nicht um alles ganz alleine kümmern.

Wichtig ist in jedem Fall, dass Sie exakt wissen, was Sie kaufen, ob eine Neu- oder Gebrauchtwohnung, ob von Privat, vom Makler oder vom Bauträger, wer der Verwalter ist und wie sich die WEGemeinschaft zusammensetzt, inklusive der WEG-Protokolle und Wirtschaftspläne etc.

Ferner sollten Sie einen guten Überblick über die Bausubstanz, die Vertragsunterlagen nebst allen Anlagen und Ihre Finanzierung haben. Dann haben Sie schon viel zum Gelingen getan.

Wir wünschen Ihnen eine glückliche Entscheidung und eine gute Wahl Ihrer Eigentumswohnung.

Für Anregungen oder Kritik zu dem vorliegenden Buch sind wir jederzeit gerne offen.

Stichwortverzeichnis

Anhang

Adressen / Allgemeines

Adressen von **Architekten** oder **Fachingenieuren** finden Sie im Branchenfernsprechbuch Ihres Landkreises oder Ihrer Kommune oder unter:
www.gclbeseiten.de

Bautechnik/Bauqualität/Baukontrolle

Der **Bauherren-Schutzbund** bietet eine Baubegleitung für Bauherren an. Weitere Informationen unter:
www.bsb-ev.de

Der **Verband privater Bauherren** bietet ebenfalls einen Service rund um den Hausbau an:
www.bauherren.de

Die **Industrie- und Handelskammern** bieten ein Sachverständigenverzeichnis an:
www.svv.ihk.de

Die **Verbraucherzentralen** Baden-Württemberg, Hessen und Rheinland-Pfalz bieten eine Bauberatung zur Prüfung von Bauträgerangeboten durch Anwälte und Ingenieure an:
www.verbraucherzentrale.info

Das **Institut Bauen und Wohnen** bietet eine bundesweite Prüfung von Bauträgerangeboten durch Ingenieure an:
www.institut-bauen-und-wohnen.de

Das **Fraunhofer Informationszentrum Raum und Bau** bietet zahlreiche Fachinformationen an, sowohl als Buchform, wie auch in Form von Online-Datenbanken:
www.irb.fraunhofer.de

Die **Stiftung Warentest** testet immer wieder Bauprodukte, wie z.B. Heizungsbrenner und anderes:
www.stiftung-warentest.de

Baufinanzierung
Günstige Kredite erhält man unter bestimmten Voraussetzungen bei den einzelnen Landeskreditbanken der Bundesländer und bei der KfW-Förderbank in Frankfurt. Informationen hierzu können Sie im Einzelnen abrufen bei:

Baden-Württemberg
L-Bank
www.l-bank.de

Bayern
Bayerische Landesbodenkreditanstalt
www.labo-bayern.de
Außerdem bei den Landratsämtern und kreisfreien Städten
www.wohnen.bayern.de

Berlin
Investitionsbank Berlin
www.investitionsbank.de

Brandenburg
Investitionsbank des Landes Brandenburg
www.ilb.de

Bremen
Bremer Aufbau-Bank
www.bab-bremen.de
Außerdem
www.bauumwelt.bremen.de

Hamburg
Hamburgische Wohnungsbaukreditanstalt
www.wk-hamburg.de

Hessen
Landestreuhandstelle Hessen
www.lth-hessen.de bzw. *www.lth.de*

Mecklenburg-Vorpommern
Landesförderinstitut Mecklenburg-Vorpommern
www.lfi-mv.de

Niedersachsen
Niedersächsische Landestreuhandstelle
www.lts-nds.de

Nordrhein-Westfalen
NRW.Bank
www.nrwbank.de
Außerdem
www.mswks.nrw.de bzw. www.lb-nrw.de

Rheinland-Pfalz
Landestreuhandstelle Rheinland-Pfalz
www.lth-rlp.de
Außerdem
www.fm.rlp.de

Saarland
Landesbank Saar
www.saarlb.de
Außerdem
www.finanzen.saarland.de

Sachsen
Sächsische Aufbaubank
www.sab-sachsen.de

Sachsen-Anhalt
Investitionsbank Sachsen-Anhalt
www.lfi-lsa.de
Außerdem Landesförderinstitut Sachsen-Anhalt
www.ib-sachsen-anhalt.de

Schleswig-Holstein
Investitionsbank Schleswig-Holstein
www.ib-sh.de

Thüringen
Thüringer Aufbaubank
www.tab-th-online.de
Außerdem
www.aufbaubank.de

Bundesgebiet zusätzlich:
KfW-Förderbank
www.kfw-foerderbank.de

Bei **Finanztest** erhalten Sie unabhängige Testergebnisse der verschiedensten Finanzierungsanbieter und der Konditionen.
www.finanztest.de

Die **Verbraucherzentralen** haben eine Internetseite rund um das Thema Baufinanzierung eingerichtet. Sie finden diese unter:
www.baufoerderer.de

Einen **Vergleich über das aktuelle Marktangebo**t einiger Baufinanzierungsangebote und deren Zinssätze finden Sie unter anderem bei:
www.baugeld-vergleich.de

Baurecht
Auch im Falle von Rechtsfragen beim Bauen kann Ihnen der **Bauherren-Schutzbund** weiterhelfen, der auch in diesem Bereich Beratung bietet. Weitere Informationen unter:
www.bsb-ev.de

Gleiches gilt für den **Verband privater Bauherren**, der ebenfalls Fachanwälte benennen kann:
www.bauherren.de.

Bauversicherungen/Bausicherheit
Die **Berufsgenossenschaft der Bauwirtschaft** ist die Pflichtversicherungseinrichtung für das Baugewerbe und alle Selbstbauer und Bauhelfer. Neben den gesetzlich vorgeschriebenen Versicherungen erhalten Sie hier auch zahlreiche Informationen rund um die Bausicherheit. Weitere Informationen unter:
www.bgbau.de